高等院校纺织服装类"十三五"部委级规划教材

CorelDRAW 辅助服装设计

（第四版）

王宏付 著

东华大学出版社

·上海·

内容简介

　　本书以CorelDRAW为基础，以服装设计为主线，根据作者多年的作品设计与软件课程教学经验，通过大量实例，系统地介绍了CorelDRAW软件辅助服装设计的使用方法、技巧和表现技法。内容包括服装CIS设计、服饰图案设计、服装面料设计、服装款式设计、服装结构设计、服饰配件设计、头像表现技法、服装效果图表现技法等方面。

　　本书操作性强，可作为服装设计从业人员及服装设计专业院校师生的参考书，或培训学校学习CorelDRAW的培训教材，也可作为广大计算机平面设计爱好者的参考书。

图书在版编目(CIP)数据

　　CorelDRAW辅助服装设计/王宏付著. –4版.
—上海：东华大学出版社，2017.6
　　ISBN 978-7-5669-1231-2
　　Ⅰ.①C… Ⅱ.①王… Ⅲ.①服装设计–计算机辅助
设计–图形软件 Ⅳ.①TS941.26
　　中国版本图书馆CIP数据核字(2017)第154201号

责任编辑　吴川灵
装帧设计　雅　风

CorelDRAW辅助服装设计(第四版)

王宏付　著

东华大学出版社出版

(上海市延安西路1882号　邮政编码:200051)

新华书店上海发行所发行　苏州望电印刷有限公司印刷

开本:889mm×1194mm　1/16　印张:13　字数:466千字

2017年6月第4版　2017年6月第1次印刷

印数：0 001–4 000

ISBN 978-7-5669-1231-2

定价：38.00元

目　录

目录

第1章　CorelDraw简介

　　CorelDRAW是加拿大Corel公司出品的矢量图形制作工具软件,它既是一个大型的矢量图形制作工具软件,也是一个大型的工具软件包,CorelDRAW是目前世界上使用最广泛的平面设计软件,能够任意设置图纸规格,能够任意设置绘图比例,能够任意设置绘图单位,能够任意设置小数点后的精确度要求;可以设置原点,可以测量尺度,可以设置辅助线;直线工具可以绘制图形,造型工具可以对直线进行任意曲线处理;变形工具可以精确的对图形、线条进行大小、移位、旋转、翻转等控制;属性工具可以对线条进行粗细、色彩、格式的控制;其他工具可以进行数据标注、文字标注等。

1.1　基本概念

　■矢量图像

　　矢量图像,也称为面向对象的图像或绘图图像,在数学上定义为一系列由线连接的点。矢量文件中的图形元素称为对象。每个对象都是一个自成一体的实体,它具有颜色、形状、轮廓、大小和屏幕位置等属性,可以在维持它原有清晰度和弯曲度的同时,多次移动和改变它的属性,而不会影响图例中的其他对象。基于矢量的绘图同分辨率无关。

　　■对象

　　所有在工作区内可编辑的都是对象。对象包括很多种类,比如曲线、美术字等。

　　■曲线、节点、控制线、控制点

　　曲线是构成矢量图形的最基本元素,由节点的位置与切线(可以认为CorelDRAW里面的曲线控制柄就是曲线的切线)的方向和长度控制。曲线也分为几类,其中最特殊的一种是直线。

　　矢量图像中每个线段的端点有一个中空的方块,称为节点。可以用形状工具选择一个对象的节点,改变它的总体形状和弯曲角度。

　　点击节点时通过节点出现的蓝色的虚线,称为控制线。

　　蓝色的控制虚线两边出现的两个点,称为控制点。通过拖动控制点来改变节点两侧的线段形态。

　　■属性

　　就是对象的参数,例如宽高、大小、颜色等,特殊对象有特殊属性,例如文字对象有字体属性、字间距属性等。

　　■点选、圈选

　　点选:按空格键切换到选取工具,将鼠标移动到待选的图形对象上,单击即可选中对象。

　　圈选:在待选的图形对象外围按住鼠标左键,拖动鼠标,此时可见一个蓝色的虚线圈选框,当圈选框圈住待选的图形对象时,释放鼠标即可选定。使用此方法可以一此选取多个对象。

　　■加选、减选

　　在点选时按住【Shift】键,可以连续选取多个图形对象。按住【Shift】键单击已被选取的图形对象,可以把该对象从已选取的对象中去掉,即将该对象改为非选取状态。

技巧:双击选取工具即可选中所有的图形对象;在图形对象以外的绘图页面中单击或按【Esc】键即可取消对图形对象的选取。

■开放路径对象、封闭路径对象

开放路径对象的两个端点是不相交的。封闭路径对象指两个端点相连构成连续路径的对象。开放路径对象既可以是直线,也可以是曲线,例如用【手绘工具】创建的线条、用【贝塞尔曲线工具】创建的线条或用【螺纹工具】创建的螺纹线等。但是,在用【手绘工具】或【贝塞尔曲线工具】时,把起点和终点连在一起可以创建封闭路径。封闭路径对象包括圆、正方形、网格、自然笔线、多边形和星形等。封闭路径对象是可以填充的,而开放路径对象则不能填充。

1.2 CorelDRAW工作界面

在启动CorelDRAW程序后,便进入CorelDRAW的界面,在默认状态下,CorelDRAW提供了一个欢迎对话框, 它提供新建图形、打开上次编辑的图形、打开图形、模板、CorelTUOR、有什么新功能等六个选项,如图1-1所示。

图1-1　CorelDRAW欢迎对话框

1.2.1　定制自己的操作界面

像其他一些图形处理软件一样。CorelDRAW也为用户提供了很多的工具,为了避免诸如调色板中、工具条中或其他的一些浮动面板中不常用的功能按钮及小部件,占用过多的屏幕空间;也为了使自己在工作时更加方便快捷地使用CorelDRAW;可以使用CorelDRAW提供的自定义界面功能,定制自己的操作界面。

在CorelDRAW中,自定义界面的方法很简单,只需按下Alt键不放,将菜单中的项目、命令拖放到属性栏或另外的菜单中的相应位置,就可以自己编辑工具条中的工具位置及数量。

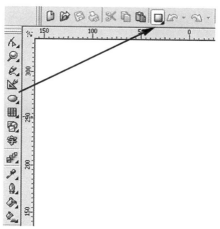

图1-2 将工具箱中的矩形工具移动到常用工具栏中

在CorelDRAW中,还允许用户通过修改"选项"对话框中的相关设置,来进一步设置自定义菜单、工具箱、工具栏及状态栏等界面。

1.单击快捷键【Ctrl】+【J】或属性栏中的 "选项"按钮;

2.在随后弹出的对话框中单击"选项"目录并展开"选项"目录;

3.再单击"自定义"目录展开"命令"目录;

4.单击"命令"选项,显示其属性页;

图1-3 选项对话框中的"命令"属性页

5.用鼠标拖动选中的命令图标到需要的工具栏或菜单中相应的位置,释放鼠标即可。

注意:在"命令"属性页常规标签页面中,显示了该命令当前所在的位置;在"快捷键"标签页面中可以设置该命令的快捷键;在"外观"标签页面中还可以更改和自定义该命令的图标。

在CorelDRAW中,通过对另一个功能选项的设置,也能帮助我们有效的利用界面空间和快捷的操作相关功能,那就是"泊坞窗"。CorelDRAW中的"泊坞窗"类似于PhotoShop中的"浮动面板",在"泊坞窗"命令选项中,可以设置显示或隐藏具有不同功能的控制面板,方便用户的操作。

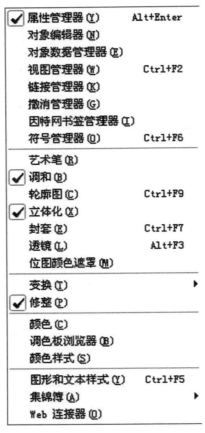

图1-4　泊坞窗菜单

　　CorelDRAW中的泊坞窗包含：属性管理器、对象编辑器、对象数据管理器、视图管理器、链接管理器、撤销管理器、英特网书签管理器、艺术笔面板、调和控制面板、轮廓控制面板、封套控制面板、立体化控制面板、透镜控制面板、位图颜色遮罩控制面板、变换控制面板、修整控制面板、颜色控制面板、调色板浏览器、颜色样式控制面板、图形和文本样式控制面板、集锦簿控制面板和Web连接器等23个不同类型及功能的控制面板。

　　调用这些泊坞窗面板的方法也很简单：

　　■打开控制面板：单击窗口/泊坞窗命令，在弹出泊坞窗的子菜单中，选定相应的面板命令即可在工作区的右边弹出相应的控制面板；

　　■调整控制面板：直接用鼠标拖动面板边缘，即可随意调整该控制面板的大小；

　　■浮动/层叠控制面板：单击控制面板的标签将其激活后，拖动该标签到工作区，释放鼠标即可将该控制面板浮动；反之，拖动浮动的控制面板到另一个控制面板上，即可将它们层叠组合起来；

　　■折叠/展开控制面板：单击控制面板左上角的 ▶▶（折叠）/ ◀◀（展开）按钮，即可折叠或展开控制面板；

　　■关闭控制面板：当你不需要时某一控制面板时，可单击该控制面板右上角的 ✖（关闭）按钮，即可将该控制面板关闭。

　　注意：当多个控制面板处于层叠状态时，在当前控制面板的右上角有两个 ✖（关闭）按钮，前一个是关闭当前控制面板，后一个是关闭所有层叠的控制面板。

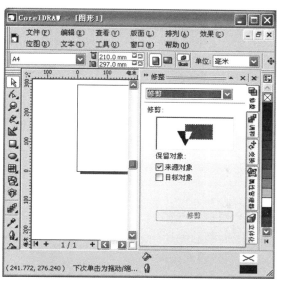

图1-5　多个控制面板层叠排列在工作区的右边

1.2.2　CorelDRAW的操作界面

当启动CorelDRAW后,在欢迎窗口中单击"创建新图形"图标选项,就会出现如图1-6所示的绘图操作界面。

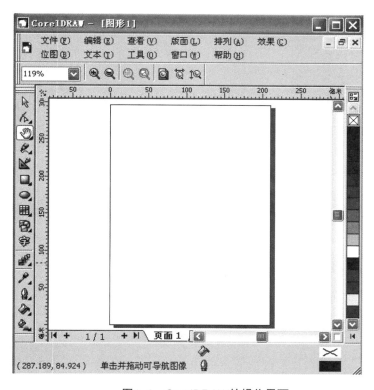

图1-6　CorelDRAW的操作界面

CorelDRAW操作界面包括几大部分:菜单栏、常用工具栏、属性栏、工具箱、状态栏、导航器、绘图页面、工作区、调色板、视图导航等。

■菜单栏：CorelDRAW的主要功能都可以通过执行菜单栏中的命令选项来完成，执行菜单命令是最基本的操作方式；CorelDRAW的菜单栏中包括文件、编辑、查看、版面、排列、效果、位图、文本、工具、窗口和帮助等11个功能各异的菜单。

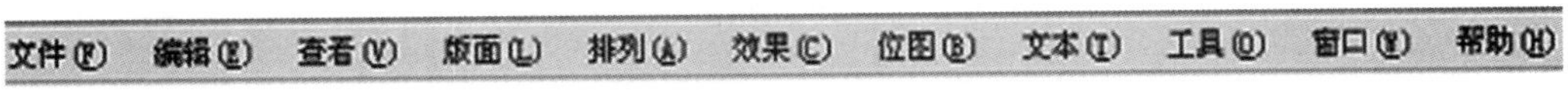

文件(F)　编辑(E)　查看(V)　版面(L)　排列(A)　效果(C)　位图(B)　文本(T)　工具(O)　窗口(W)　帮助(H)

图1-7　菜单栏

■常用工具栏：在常用工具栏上放置了最常用的一些功能选项并通过命令按钮的形式体现出来，这些功能选项大多数都是从菜单中挑选出来的。

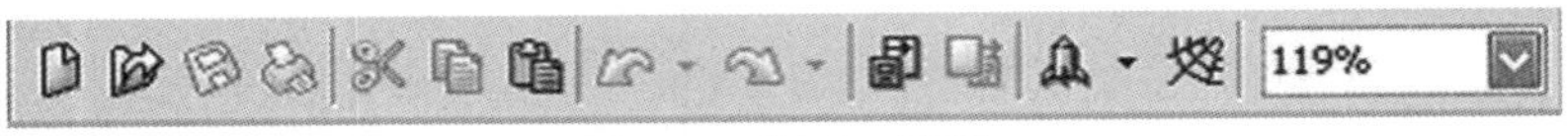

图1-8　常用工具栏

■属性栏：属性栏能提供在操作中选择对象和使用工具时的相关属性；通过对属性栏中的相关属性的设置，可以控制对象产生相应的变化。当没有选中任何对象时，系统默认的属性栏中则提供文档的一些版面布局信息。

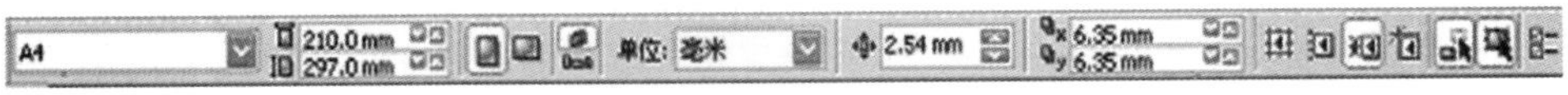

图1-9　系统默认时的属性栏

■工具箱：系统默认时位于工作区的左边。在工具箱中放置了经常使用的编辑工具，并将功能近似的工具以展开的方式归类组合在一起，从而使操作更加灵活方便。

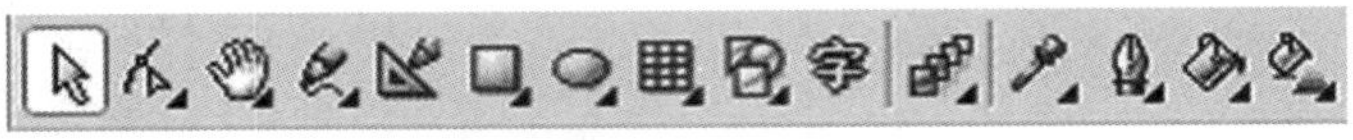

图1-10　工具箱

■状态栏：在状态栏中将显示当前工作状态的相关信息，如：被选中对象的简要属性、工具使用状态提示及鼠标坐标位置等信息。

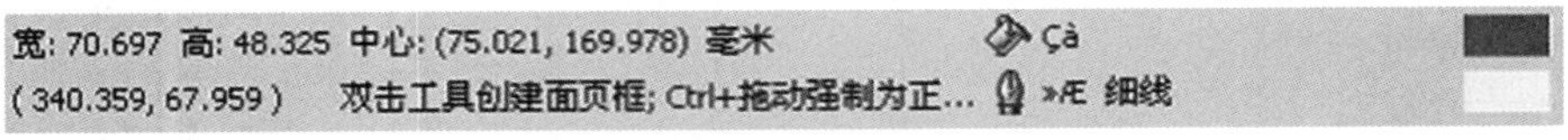

宽：70.697 高：48.325 中心：(75.021, 169.978) 毫米　　　　　　　Ça
(340.359, 67.959)　　双击工具创建面页框；Ctrl+拖动强制为正...　　　　细线

图1-11　状态栏

■导航器：在导航器中间显示的是文件当前活动页面的页码和总页码，可以通过单击页面标签或箭头来选择需要的页面，适用于进行多文档操作时。

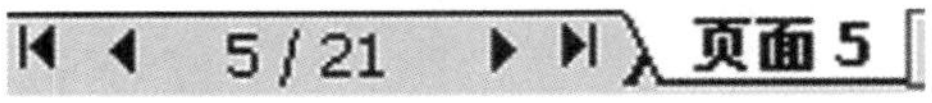

◄◄ ◄　5/21　► ►◄ 页面5

图1-12　导航器

■绘图页面：是用于绘制图形的区域。

■工作区：工作区（又称为"桌面"）是指绘图页面以外的区域。在绘图过程中，用户可以将绘图页面中的对象拖到工作区存放，类似于一个剪贴板，它可以存放不止一个图形，使用起来很方便。

■调色板：调色板系统默认时位于工作区的右边，利用调色板可以快速的选择轮廓色和填充色。

图1-13　系统默认时的调色板

■视图导航器：通过点击工作区右下角的视图导航器图标来启动该功能后，你可以在弹出的含有你的文档的迷你窗口中随意移动，以显示文档的不同区域。特别适合对象放大后的编辑。

图1-14　视图导航器

1.2.3　工具箱

CorelDRAW的工具箱及其相应的子工具箱如图1-15所示。

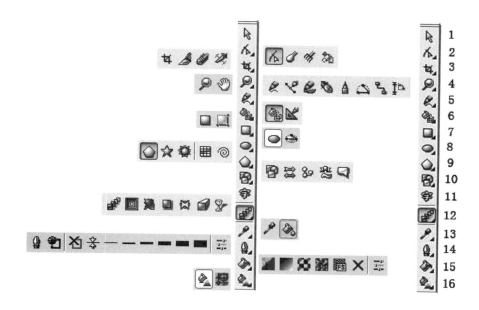

图1-15　CorelDRAW工具箱

1.选择工具

选择工具 用来选择对象，可以点选，也可以通过拖动出一个选择框来选择多个对象。对于点选，使用【Shift】+左击鼠标，选择/去选多个对象；对于拖动选择框，通常情况下，只有选择框完全包围了目标对象或目标对象群的时候才能完成选择，但是可以通过按住【Alt】键使得被选择框接触到的对象被选中；群组对象，使用【Ctrl】键+左击鼠标，可以点选组中的某个对象。

选择工具双击需要倾斜或旋转处理的对象，进入旋转/倾斜编辑模式，此时对象周围的控制点变成了 旋转控制箭头和 倾斜控制箭头。

2.形状工具

选择编辑对象的部分，从左到右分别是：

形状工具 ：选择、编辑曲线、点，及调整文本的字、行间距。

涂抹笔刷工具 ✐:只能用于曲线对象。

粗糙笔刷工具 ✎:单击并拖动可在对象上应用粗糙效果。

自由变换工具 ✎:令人着迷的自由变形,包括旋转,镜像等。

3.裁剪工具

裁剪工具 ✄:当导入的位图太大时,可用来裁剪,也可裁剪矢量图。

切刀工具 ✐:把一个对象按照所画曲线切割开。

橡皮擦工具 ✐:擦除对象的某些部分。

删除虚设线工具 ✐:用来删除交集虚设线。

4.缩放工具

缩放观察(放大镜)和移动视图(手形工具,作用与PHOTOSHOP中的空格键一样)放大:通过拖一个放大框来实现放大局部图形。

缩小:放大刚好相反。

CorelDRAW提供了另外两种移动视图的方式:

■用【Alt】+方向箭头。

■视图移动工具,就是在工作区右下角两个滚动条交汇的地方,按住那个小方块移动鼠标。

5.曲线工具

曲线工具是矢量作图软件最基本的创作工具,从左到右分别是:

徒手曲线工具 ✎:徒手绘制曲线,如果配合压感笔使用更为方便。

贝塞尔曲线工具 ✎:通过调节曲线、节点的位置、方向以及切线来绘制精确光滑的曲线。

使用贝塞尔工具可以比较精确的绘制直线和圆滑的曲线。由于矢量图形中的曲线是由邻接的节点构成的,曲线上的任何一个拐弯处节点的变化都可以使曲线改变方向,贝塞尔工具就是通过改变节点控制点的位置来控制曲线的弯曲程度。

艺术笔工具 ✎:令人赞叹的工具,各种图案、笔触可以根据曲线的变化而改变的工具,线条的粗细支持压感。

钢笔工具 ✎:单击并拖动可创建曲线,单击第一个节点可关闭路径。

多点线工具 ✎:单击并拖动可创建多点直线。

三点曲线工具 ✎:单击并拖动可创建曲线。

智能连接工具 ✎:让用户可以非常方便地使用折线来连接对象的工具。

量度工具 ✎:量度并自动标示距离、角度的工具。

6.智能填充工具

智能填充工具 ✎:可以将填充应用到任何目标上,包括轮廓线的复制。

当我们进行各种规划,绘制流程图、原理图等草图时,一般要求就是准确而快速。智能绘图工具 ✎ 能自动识别许多形状,包括圆、矩形、箭头、菱形、梯形等,还能自动平滑和修饰曲线,快速规整和完美图像。

智能绘图工具 ✎ 还有另一个重要的优点是节约时间,它能对自由手绘的线条重新组织优化,使设计者更易建立完美形状,感觉自由流畅。

选择智能绘图工具,可以在属性栏上调整选项。形状识别级别、智能平滑级别两个选项都分无、最低、低、中、高、最高6个级别。

7.矩形工具

用来绘制矩形的工具,从左到右分别是:矩形工具、三点矩形工具。

按着【Shift】键拖动鼠标,所画的图形将会以起始点为中心(缺省是一个角);

按着【Ctrl】键拖动鼠标,可以画出正方形。

使用矩形工具绘制矩形或正方形后, 在属性栏中则显示出该图形对象的属性参数,通过改变属性栏中的相关参数设置,可以精确的创建矩形或正方形。

图1-16　矩形工具的属性栏

在 框中可以设置或更改该矩形或正方形中心点位置的坐标值;

在 框中可以设置或更改该矩形或正方形的长、宽尺寸值;

在 框中可以设置或更改该矩形或正方形的长、宽比例值;

在 框中可以设置或更改该矩形或正方形的旋转角度值;

在 下拉选项框中,可以设置或更改该矩形或正方形边线线条的宽度。

当时用矩形工具在页面上绘制一个矩形的时候,可以看到在矩形的4个角上,各有一个节点。使用 形状工具或选取工具 ,拖动其中任意一个节点,可以改变矩形边角的圆滑程度,产生圆角。

通过设置矩形工具属性栏上 框中的圆角度数, 可以直接得到精确角度的圆角矩形。4组选项栏分别控制矩形的4个角的圆滑程度,当右上角的锁形按钮呈"闭锁"状态时,改变一角的参数时,其他3组同时改变;当右上角的锁形按钮呈"开锁"状态时,改变矩形的某一角的圆滑程度,而其他3角的圆滑程度不变。

8.椭圆形工具

用来绘制圆形或椭圆形的工具,从左到右分别是:椭圆形工具、三点椭圆形工具。

按着【Shift】键拖动鼠标,所画的图形将会以起始点为中心(缺省是一个角);

按着【Ctrl】键拖动鼠标,可以画出正圆形。

使用椭圆工具可以绘制出椭圆、圆、饼形和圆弧。在选中椭圆工具后,使用属性栏中的 (椭圆)、 (饼形)或 (圆弧)选项,可以比较精确的绘制和修改图形的外观属性。

图1-17　椭圆工具的属性栏

椭圆工具属性栏中的设置方法同矩形工具属性栏的设置相似。

在 栏中切换不同的按钮,可以绘制出椭圆形、圆形、饼形或圆弧;

在 框中设置饼形或圆弧的起止角度,可以得到不同的饼形或圆弧。

9.图纸工具

用来绘制物件的工具,从左到右分别是:图纸工具、多边形工具、螺旋线工具。

图纸工具 :主要用于快速建立n×m单元格的绘制网格工具,在绘制曲线图或其他对象时辅助用户精确排列对象。

图纸工具属性栏中的 框中设置纵、横方向的网格数。

多边形工具 :使用多边形工具可以绘制出多边形、星形和多边星形。选中多边形工具后,在属性栏上的 栏中选定多边形(或星形)按钮,即可开始绘制多边形或星形;在多边形工具的属性栏中的 栏中设置和更改多边形(或星形)的边数(或角数),可以得到不同的多边形(或多角星);复杂星形工具 可绘制复杂星形。

螺旋线工具 :螺旋线是一种特殊的曲线。利用螺旋线工具可以绘制两种螺旋线:对称螺旋线和对数螺旋线。在螺旋线工具属性栏的 栏中设置螺旋线的圈数值;在 栏中选定所需绘制的螺旋线类型为 对称螺旋线或 对数螺旋线;如果选中 对数螺旋线,还需在 栏中设置螺旋扩张的速度值;

图1-18 螺旋线工具的属性栏

注意:对称螺旋是对数螺旋的一种特例,当对数螺旋的扩张速度为1时,就变成了对称螺旋(即螺旋线的间距相等)。螺旋的扩张速度越大,相同半径内的螺旋圈数就会越少。

10.基本图形工具

流程图的样式多种多样,为了使用户在短时间内创建复杂的图形对象,CorelDRAW12新增加了一组工具(本图形工具)。在这组工具的图库中预存了许多有用的、现成的图形对象,如箭头、星形、插图框及流程图框等,用户只需选择相应的图形对象后,在绘图页面中拖动鼠标即可。从左到右分别是:基本图形工具 、箭头图形工具 、流程图框工具 、星形工具 、插图框工具 。

在属性栏中单击图形库 按钮,即弹出该图库中的各种形状造型供用户选择。

图1-19 图形库

基本图形工具组中其余的工具图形库展示,如图1-20所示。

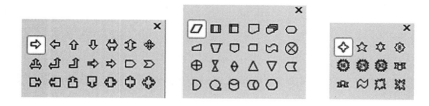

图1-20 基本图形工具组中其余的工具图形库

11.文本工具 🖹

文本是CorelDRAW中具有特殊属性的图形对象。在CorelDRAW有两种文本模式:艺术体文本和段落文本。

艺术体文本:是指单个的文字对象。由于它是作为一个单独的图形对象来使用的,因此可以使用各种处理图形的方法对它们进行编辑处理。

段落文本:是建立在艺术体文本模式的基础上的大块区域的文本。对段落文本可以使用CorelDRAW具备的编辑排版功能来进行处理。

使用键盘输入文字是最常见的操作之一。在输入文本时,就可以方便的设置文本的属性。

艺术体文本的输入:在工具箱中,选中文本工具 🖹,然后在绘图页面中适当的位置单击鼠标,就会出现闪动的插入光标,此时即可直接输入艺术体文本。

段落文本的输入:在工具箱中选定文本工具 🖹后,在绘图页面中适当位置按住鼠标左键后拖动,就会画出一个虚线矩形框,此时即可在虚线框中直接输入文本。

技巧:在段落文本的输入中,按Enter键输入硬回车,按Shift+Enter键可插入软回车。

对于在其他的文字处理软件中已经编辑好的文本, 只需要将其复制到Windows的剪贴板中,然后在CorelDRAW绘图页面中插入光标或段落文本框,按下【trl】+【V】(粘贴)即可复制文本。

CorelDRAW还提供了一个将艺术体文本转换为曲线的功能命令转换为曲线命令。当艺术体文本转换成曲线后,用户就可以任意的改变艺术字的形状,真正实现随心所欲的任意效果。这样做还有一个好处就是,即使在其他的计算机上没有安装你所使用的艺术字体,也能显示出来,因为它已经变成了曲线图形了。

注意:艺术字转换成曲线后将不再具有任何文本属性,与一般的曲线图形一样,而且不能再将其转换为艺术字。所以在使用该命令改变字体形状之前,一定要先设置好所有的文本属性。

文字还可以适合指定路径 🖎 。

12.互交式调和工具 🖼 🖼 📷 🔧 📷 🔧 📷 🔧

互交式调和工具是CorelDRAW的特效工具。从左到右分别是:互交式调和工具、互交式轮廓图工具、互交式变形工具、互交式阴影工具、封套工具、互交式立体化工具、互交式透工具。

互交式调和工具 🖼 :

图1-21　互交式调和工具的属性栏

(1)单击交互式调和工具的属性栏中的路径属性 🖎 按钮,可以使选定的调和对象,按特定的路径进行调和。

(2)如果在路径按钮弹出的菜单中选择从路径中分离选项,可以使调和的起始对象和终止对象在路径上,而其他的过渡对象不覆盖路径。

(3)混合调和选项按钮的菜单栏中选择填满调和路径复选框可以使调和对象填满整个路径;选择(旋转所有对象)复选框,可以使调和的过渡对象在沿路径调和的同时产生旋转。

（4）单击混合调和选项按钮，在弹出的对话框中选择对应节点选项，可以指定起始对象的某一节点与终止对象的某一节点相对应，不同的节点相对应，会产生不同的调和效果。

选择分离选项，可以将选中的调和效果过渡对象分割成为独立的对象，并可使该对象和其他的对象再次建立调和。

单击改变调和起止点对象 按钮，从弹出来的菜单中选择新起始点、显示起始点、新终止点和显示终止点命令，可以显示或重新设置调和的起始对象和终止对象。

单击复制调和属性 按钮，可以在对象之间复制调和效果。单击取消调和 按钮。可以消除对象中的调和效果。

互交式轮廓图工具 ：是指由一系列对称的同心轮廓线圈组合在一起，所形成的具有深度感的效果。由于轮廓效果有些类似于地理地图中的地势等高线，故有时又称之为"等高线效果"。

轮廓效果与调和效果相似，也是通过过渡对象来创建轮廓渐变的效果，但轮廓效果只能作用于单个的对象，而不能应用于两个或多个对象。

设置交互式轮廓工具属性栏中的相关选项，可以为对象添加更多的轮廓效果。

图1-22 交互式轮廓工具属性栏

与其他的效果工具的属性栏一样，在交互式轮廓工具属性栏的前面，也提供了一个样式列表栏，在该列选栏中有许多预置的轮廓样式，并可自定义样式于列表中。

单击中心 、内侧 、外侧 按钮，可以向选定对象的中心、轮廓内侧或轮廓外侧添加轮廓线。

互交式变形工具 ：在使用这个工具时创建效果时，其结果是动态的，所以它在应用后还能保持原对象的所有属性不会丢失，并可随时编辑，储存为自定义的变形预置，在对象间复制，或清除变形等。对象的路径情况（包括组成形状的节点数量），决定了变形结果的基本形状。此外，可以在属性栏中选择三种基本变形模式，即推拉变形、拉链变形、扭曲变形模式，每种模式都决定了不同的变形效果。

图1-23 互交式变形工具属性栏

互交式阴影工具 ：是指为对象添加下拉阴影，增加景深感，从而使对象具有一个逼真的外观效果。制作好的阴影效果与选定对象是动态链接在一起的，如果改变对象的外观，阴影也会随之变化。

应用交互式阴影工具属性栏中的参数设置，可以更加精确的控制对象的阴影效果。

图1-24 交互式阴影工具属性栏

在阴影偏移量 增量框中，可以显示或设置阴影效果相对于选定对象的坐标值。

用鼠标将阴影控制线中的白色方块拖到对象外，此时阴影角度 功能为可用，在此滑轨框中会显示阴影的角度，输入数值或拖动滑块，可以改变阴影效果的角度。

在阴影不透明度 🔲50 🔲 滑轨框中输入数值或拖动滑块，可以设置阴影的不透明度。

在阴影羽化效果 🔲15 🔲 滑轨框中输入数值或拖动滑块，可以设置阴影的羽化效果，值越大羽化效果越明显。

单击阴影羽化方向 🔲 按钮，可以在弹出的对话框中选择阴影的羽化方向为中间、在外或平均。

当阴影羽化方向选定为除平均以外的其他三项时，阴影羽化边缘 🔲 按钮为可用，单击该按钮，可以在弹出的兑换框中选择阴影羽化边缘的类型为直线形、正方形、反转方形或平面形。

在阴影淡化/伸展滑轨 🔲0 🔲 50 🔲 框中，通过左边的滑轨框设置阴影的淡化；使用右边的滑轨框设置阴影的伸展。

单击阴影颜色 🔲 按钮，可以在弹出的列选栏中设置阴影的颜色。

封套工具 🔲：是通过操纵边界框，来改变对象的形状，其效果有点类似于印在橡皮上的图案，扯动橡皮则图案会随之变形。

通过对交互式封套工具属性栏中的选项设置，可以得到更多的封套效果。

图1-25 交互式封套工具属性栏

在 预置... 🔲 列选栏中可以应用或添加系统预置的封套样式；同编辑曲线一样，用户可以通过对属性栏中的相应选项及鼠标，对封套控制框上面的节点进行增加、删除、移动及改变节点属性等操作。

在属性栏中选择编辑封套的四种工作模式，分别是 🔲 直线模式、🔲 单弧线模式、🔲 双弧线模式和 🔲 非强制模式。

互交式立体化工具 🔲：是利用三维空间的立体旋转和光源照射的功能，为对象添加上产生明暗变化的阴影，从而制作出逼真的三维立体效果。在其属性栏的有两个按钮：位图立体化模式 🔲 和矢量图立体化模式 🔲。分别选择这两种模式，用户可以为对象添加上位图立体化效果或矢量图立体化效果。系统默认模式矢量图立体化模式。

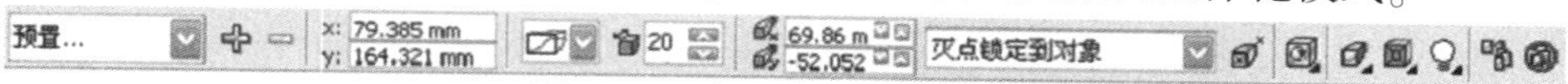

图1-26 交互式立体化工具属性栏

互交式透明工具 🔲：是通过改变对象填充颜色的透明程度，来创建独特的视觉效果。使用交互式透明工具 🔲，可以方便地为对象添加均匀、渐变、图案及材质等透明效果。

图1-27 互交式透明工具属性栏

渐变透明的类型分为直线性、放射状、圆锥形及正方形等四个渐变类型。

图案渐变的类型分为双色、全色或位图三种透明类型。

13.吸管工具 🔲 🔲 🔲

使用 🔲Eyedropper(滴管)工具可以在绘图页面的任意图形对象上面取得所需的颜色，包括位图和矢量图，获取的颜色是某一点的基本色，而不是渐变色。使用颜料桶工具 🔲 可以将取得的颜色任意次的填充在其他的图形对象上面。

14.轮廓工具 🔲 🔲 🔲 🔲 🔲 ━ ━ ━ ━ ▬ 🔲

轮廓工具 🔲，用于创建及编辑轮廓。轮廓线颜色对话框 🔲 用于设置轮廓线颜色；

无轮廓线 ✕ 相当于将轮廓线设置为透明色。其后的7个按钮分别代表轮廓线预置的宽度值。色彩泊坞窗按钮用于调出色彩泊坞窗 📊，调节色彩滑块自定义颜色。

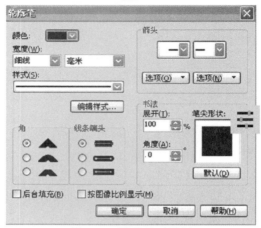

图1-28　轮廓笔对话框

15.填充工具 🪣📐📁🟦🟦🟦✕📊

填充工具是用来对所选对象进行填充的工具。从左到右分别是色彩填充对话框、渐变填充对话框、图案填充对话框、纹理填充对话框、PostScript填充对话框、无填充、颜色泊坞窗。

色彩填充对话框 📐(均匀填充)对话框：

图1-29　均匀填充对话框

在该对话框中有典型、混合和调色板三种调色模式,使用方法与色彩泊坞窗类似。不过,用户利用该对话框可以自定义颜色调色板及混合颜色创建新的颜色。

单击添加到调色板按钮,即可将选定或创建的颜色添加到调色板中。

单击选项按钮,在其弹出的列选框中选择不同的命令设置颜色数值、颜色交换、颜色范围警告及颜色视图方式等选项。

渐变填充 ⬛

渐变填充是CorelDRAW中一种非常重要的表现技巧,它能将对象凹凸的表面、变化的光影及立体的效果通过颜色的变化表现出来。通过使用填充工具可以为对象做渐变效果的填充。

渐变填充对话框：

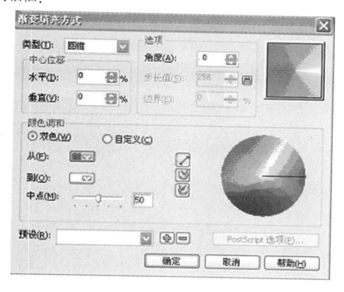

图1-30　渐变填充对话框

在对话框的类型列选框中可以选直线性、放射状、圆锥形及正方形渐变类型；在中心点偏移量增量选项框中设置渐变中心点水平及垂直偏移的位置（直线性的渐变除外）；

在选项增量选项框中根据不同的渐变类型设置光源角度、渐变级数和边缘锐度值；

在颜色混合选项框中通过选择双色或定制，设置渐变填充时颜色的混合方式是双色还是由用户自定义的多种颜色。

在起始和终止列选框中选择作为渐变填充的起始颜色（系统默认为黑色）和终止颜色（系统默认为白色）；调节中央点滑块可以改变起始颜色与终止颜色在渐变中所在的成分比例。在对话框右上角的预览框中可以看到调节后的效果。

在圆形颜色循环图的左边，有三个纵向排列的按钮：

单击 🖊 按钮，可以在圆形颜色循环图中按直线方向混合起始及终止颜色；单击 🔄 按钮，可以在圆形颜色循环图中按逆时针的弧线方向混合起始及终止颜色；单击 🔄 按钮，可以在圆形颜色循环图中按顺时针的弧线方向混合起始及终止颜色。

如果选择定制，则渐变填充对话框中的颜色混合选项框会发生相应的变化。

自定义渐变填充颜色的方法很简单，只需在位置增量框中设置当前色的位置，在当前的颜色显示框右边的调色盘中选择当前色，用同样的方法可以设置多个位置的颜色，各种颜色之间自动生成渐变过渡色。用鼠标在渐变预览框上的滑轨中双击，也可设置当前位置，并可拖动滑块改变颜色的位置。

自定义完渐变填充颜色后，可在预置列选框中为新的填充命名，然后单击"+"按钮，即可将定制的渐变填充存储起来。单击预置列选框右边的向下箭头，就可以看到定制的渐变填充与系统预置的其他渐变填充在一起。使用时，选定其一即可。

图案及材质填充 🞖 是使用重复图案为对象进行填充。

单击填充工具 🖌 级联菜单中的图案填充对话框 🞖 按钮，即可弹出图案填充对话框。

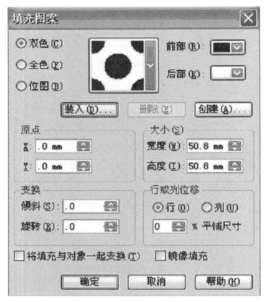

图1-31　图案填充对话框

在该对话框中选择图案填充的类型为双色、全色或位图。

当选择双色类型时,允许用户为重复图案设定前景色和背景色,还可以单击创作按钮,进入双色图案编辑对话框进行创作,也可以单击调入按钮调入已有的图案。

当选定全色或位图类型时,允许用户使用多种颜色的彩色图案或位图化的图像作为填充。单击预览框右边的向下箭头,可在弹出的列选框中选择彩色图案或位图图案,也可单击调入按钮调入已有的图案。

在对话框中还有若干个选项,供用户对填充图案进行编辑。原点选项框中设置X、Y值,可以指定绘图页面的起始点,设定图案填充的中心。

在尺寸选项框中,改变宽度和高度增量框中的值,可以设置平铺图案尺寸的大小。

在变换选项框中改变倾斜和旋转增量框中的角度值,可以填充图案产生倾斜及旋转变化。

在行列偏移选项框中选择行或列选项后,在其下面的增量框中输入相应的百分比值,就可以使填充图案的行、列产生偏移。

图1-32　双色、全色或位图图案填充效果

注意：选中图案填充对话框的下面将"图案与对象一起变换"复选框时，图案填充与对象相链接，即当用户对对象进行变换操作时，其中填充的图案也会自动随之调整；选中"镜像填充"复选框时，填充的图案会镜像排列进行填充。

材质填充 是可以在对象中添加模仿自然界的物体或其他的纹理效果，使对象更有深度和丰富感，获得令人满意的效果。

单击填充工具 级联菜单中的材质填充对话框 按钮，即可弹出材质填充对话框。

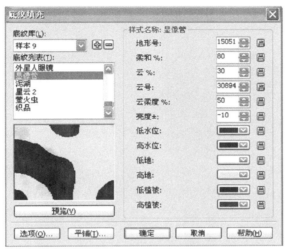

图1-33　材质填充对话框

由于系统预置的填充材质非常多，仅材质库列选框中就有7个不同类型的材质库；每一个库中又有若干样式，在材质底纹列表选框中就可看到；每一种样式都有一套对应的属性控制选项，通过对这些属性选项的调整，可以细微的改变材质的纹理效果。

单击选项按钮，可在弹出的TextureOptions对话框中设置材质的解析度及像素尺寸；单击平铺按钮，可以在弹出的Tiling对话框中设置材质平铺填充的各项参数，方法同图案填充。

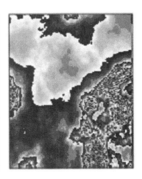

图1-34　不同的材质填充效果

PostScript填充 是一种特殊的图案填充方式，它可以向对象中添加半色调挂网的效果。不过，它的使用限制很多：只能在具有PostScript解释能力的打印机中才能被打印出来；只有在增强视图模式下才能显示出来；而且非常占用系统资源。

单击填充工具 级联菜单中的PostScript填充 按钮，即可弹出PostScript底纹对话框。

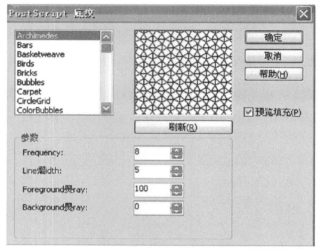

图1-35　PostScriptTexture对话框

与材质填充一样,该对话框也为用户图供了许多的预置材质样式,而且每一个材质样式都对应一套属性调节选项;选中"预览填充"复选框,可在预览窗口预览填充效果;单击"刷新"按钮,可将属性选项修改后的填充效果显示在预览窗口中。

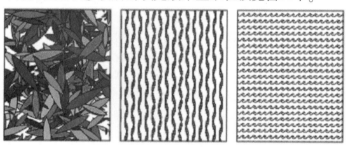

图1-36　三种PostScript填充的填充效果

16.交互式填充工具

为了更加灵活方便的进行填充,CoreIDRAW还提供了交互式填充工具。使用该工具及其属性栏,可以完成在对象中添加各种类型的填充。

在工具箱中单击交互式填充工具按钮,即可在绘图页面的上方看到其属性栏。

图1-37　交互式填充工具属性栏

在　线性　　　填充类型列选框中,可以选择无填充、均匀填充、直线式渐变填充、放射状渐变填充、圆锥状渐变填充、正方形渐变填充、双色图案填充、全色图案填充、位图图案填充、材质填充或半色调挂网填充。虽然每一个填充类型都对应着自己的属性栏选项,但其操作步骤和设置方法却基本相同。

在交互式填充工具组中,还有一个工具　交互式网状填充工具。使用这一工具,可以轻松的创建复杂多变的网状填充效果,同时还可以将每一个网点填充上不同的颜色,定义颜色的扭曲方向。

1.2.4 菜单栏

1.文件菜单

文件菜单是CorelDRAW中最常用的——打开、保存、导入、输出、打印以及出版到网络等文件操作,如图1-38所示。

2.编辑菜单

编辑菜单不仅提供Windows软件通用的复制、剪切、粘贴、删除、撤消操作、重复操作等功能,而且能提供诸如复制属性、对象选择、查找与替换、插入因特网对象、插入条形码、在文件中插入其他程序对象等命令,如图1-39所示。

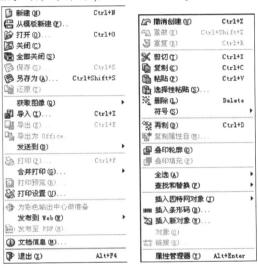

图1-38　文件菜单　　图1-39　编辑菜单

3.查看菜单

查看菜单掌管几乎所有的屏幕显示活动。菜单中除了允许用户指定界面的保持可视或隐藏的界面之外,还允许用户指定详细精确的控制部件,如图1-40所示。

4.版面菜单

版面菜单用来设置页面大小、页面背景、插入页等,如图1-41所示。

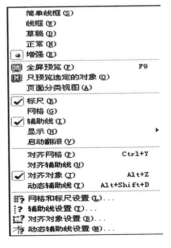

图1-40　查看菜单　　图1-41　版面菜单

5.排列菜单

排列菜单提供对象的各种排列功能,例如移动、旋转、镜像、对齐、排序、群组、结、锁定对象、解除对象锁定、焊接、修剪、转换为曲线、将轮廓转换为对象、闭合路径等功能,如图1-42所示。

6.效果菜单

效果菜单不仅能提供调整、变换、调和、封套功能,而且能提供精确裁剪、复制效果、克隆效果等功能,如图1-43所示。

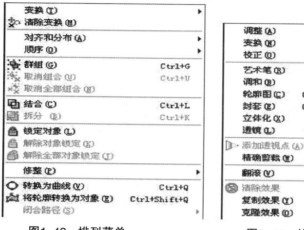

图1-42 排列菜单   图1-43 效果菜单

7.位图菜单

CorelDRAW虽不是点阵图像处理软件,但位图菜单下的功能,已经足够用户进行一些简单图片处理,CorelDRAW而且还提供了相当精彩的点阵图处理套件,如图1-44所示。

8.文本菜单

通过使用文本菜单,用户可以创建出任何形式的美术字文本或段落文本,如图1-45所示。

图1-44 位图菜单   图1-45 文本菜单

9.工具菜单

工具菜单为用于提供一些使用捷径:它管理着CorelDRAW中绝大部分泊坞窗的显示

或隐藏,其中包括对象管理、链接管理、查看管理、书签管理以及色彩、图形样式、脚本管理之类,如图1-46所示。

10.窗口菜单

窗口菜单提供一些窗口的排列显示方式(层叠、横向并排、纵向并排及文件之间的切换等)以及CorelDRAW的泊坞窗、色盘及工具栏的显示或隐藏,如图1-47所示。

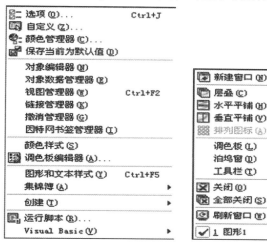

图1-46　工具菜单　　　　图1-47　窗口菜单

11.帮助菜单

帮助菜单提供一些CorelDRAW的新功能介绍、帮助以及链接CorelDRAW网站等。

1.2.5　主要对话框及泊坞窗

1.图形的导入

在实际的绘图工作中,无论是服装设计、广告设计、书籍装帧还是图文混排的版面设计,都不仅仅使用自己绘制的矢量图形,往往还需要用到许多图形资料及素材,如位图及其他图形处理软件绘制的不同格式的图形文件等; 以及用CorelDRAW绘制好图形后,需要将其应用到别的图形处理软件中时,都要涉及到图形文件的导入及导出处理。具体操作方法如下:

(1)单击菜单命令文件/导入或按下快捷键Ctrl+I,即可弹出导入对话框;

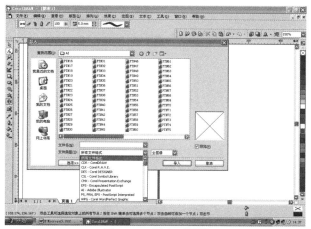

图1-48　导入对话框

(2)在文件类型列选栏中选择要导入的"文件类型"（CorelDRAW默认的导入文件类型是所有文件格式；

(3)在对话框的"查找范围"列选栏中选择文件的路径；

(4)在文件列表中选中需导入的文件,选中"预览"复选框后,就可以在预览窗口中看到该图像文件的预览效果；

(5)单击"导入"按钮,回到绘图页面,此时鼠标的指针变成直角形状；

(6)将直角形状的光标移动到绘图页面中的适当位置,单击鼠标,即可将导入的图形放在单击点的位置。

图1-49　导入后的图形

技巧:可以在导入对话框的文件列表中单击要导入的文件,然后将其图标拖动到绘图页面中,释放鼠标,该图像就自动导入到绘图页面。

■导入时修剪位图

在绘制图形的过程中,常常需要导入位图素材图片。由于位图的文件尺寸比较大,而大多数时候,我们往往只需要素材图片中的某一部分,如果将整个素材图片导入,会浪费计算机的内存空间,影响导入的速度。我们可以通过如下的操作,将需要的部分剪切后再导入。在导入对话框的 裁剪 列选栏中选择修剪选项:

(1)单击"导入"按钮,弹出"裁剪"图像对话框；

图1-50　裁剪图像对话框

(2)在对话框的预览窗口中，通过拖动修剪选取框中的控制点，来直观的控制对象的范围。包含在选取框中的图形区域将被保留，其余的部分将裁剪掉；

(3)如果需要精确的修剪，可以在选择修剪范围选项框中设置距顶端距离、距左边距离、宽度和高度增量框中的数值；

(4)在默认情况下，选择修剪范围选项框中的选项都是以像素为单位的。用户可以在单位列选框中选择其他的计量单位；

(5)如果对修剪后的区域不满意，可以单击"全选"按钮，重新设置修剪选项值；

(6)在对话框下面的新图像尺寸栏中显示了修剪后新图像的文件尺寸大小；

图1-51　修剪前后的导入图像对比

(7)设置完成后，单击"确定"按钮，即可将修剪后的图像导入绘图页面。

技巧：确定导入设置后，在绘图页面中拖动鼠标，即可将导入的图像按鼠标拖出的尺寸导入绘图页面。

2.文件的保存与备份

当在为自己刚完成的、满意的绘图作品而洋洋自得时候，请千万不要忘记一件事"保存文件"。与此同时，为了避免意外，更好的保存自己的"劳动成果"，还应为这个文档建立一个副本。具体操作方法如下：

(1)单击"另存为"命令，弹出保存图画对话框；

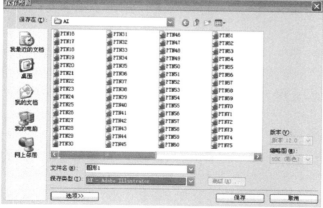

图1-52　保存图画对话框

(2)在"保存在"列选栏中确定存放文件的路径,并在文件名文本框中输入文件的名称;

(3)可以将当前文件以不同的文件名或目录进行存放,得到备份文件;

(4)还可以在保存类型列选栏中设置存放文件的类型;

(5)设置完成后,单击"保存"按钮,保存文件。

注意:另存为命令可以仅仅保存选定的对象,即可以保存局部图形;新建的文件在第一次保存时自动用此命令。

3.变换泊坞窗

对象的变换主要是对对象的位置、方向以及大小等方面进行改变操作,而并不改变对象的基本形状及其特征。

执行变换命令,在变换命令的子菜单中包含了位置变换、旋转变换、比例和镜像变换、尺寸变换和倾斜变换5个功能命令,单击其中一个即可弹出相应的变换面板。

在变换面板中的变换功能很齐全。在变换操作选项设置完毕后,单击应用按钮,即可将变换效果应用到对象上去;如果单击应用到副本按钮,将会的到一个该对象的已经产生变换效果的副本。

(1)位置变换

图1-53　变换泊坞窗

在变换面板中选择 位置变换按钮后,面板将显示其设置选项,通过对这些选项的设置,可以很精确的移动对象,并且还可以分别选择对原始对象或其副本进行操作。

注意:所有的移动都是相对于对象的定位点进行的,对象默认的定位点是其旋转中心点。如果改变了定位点,对象也会相对于新的定位点进行移动。

在变换面板中,如果选中"相对位置"复选项,还可以将对象或其副本沿某一方向移动到相对于原位置指定距离的新位置上去。也就是说,将原对象的定位点作为相对的座标原点,直接输入在各个方向要移动距离的值即可。

(2)旋转变换

在变换面板中,可以通过设置选定对象的旋转角度、定位点及其相对旋转中心等选项,对对象进行旋转操作。

在变换面板中,还可以设置相对于当前旋转中心一定距离的点为定位点(相对中心点),使对象围绕该定位点旋转,会产生不同的效果。

注意:对对象进行旋转操作时,如果没有选中"相对中心"复选项,在中心标签下的两个微调框中显示的坐标值是该对象定位点的绝对坐标值;如果选中"相对中心"复选项,则在(中心)标签下的两个微调框中显示的坐标值是新的相对中心点相对于原对象旋转中心的距离值。

(3)比例和镜像变换

在变换面板中,也提供了对对象进行镜像处理的功能。有水平镜像、垂直镜像之分,而且可在属性栏中点击完成对对象进行镜像处理。

(4)尺寸变换

尺寸变换即对对象在水平方向或垂直方向的尺寸大小进行比例或非比例的缩放操作。使用变换面板可以精确地完成这一操作。

注意:在比例和镜像变换及尺寸变换中,取消不成比例选项后,对象的变换是成比例的;而选中不成比例选项后,在对对象的变换中,用户可以设置任意的比例值,产生的变换效果也就不同。

(5)倾斜变换

使用倾斜变换倾斜对象或生成倾斜面,能获得透视效果,使对象的立体效果更强。

注意:改变对象的定位点可以调整倾斜对象的位置和形状。如果取消使用定位点选项,则系统默认该对象的旋转中心为定位点,就地进行倾斜转换。

4.修整泊坞窗

通过焊接、修剪、相交、简化、前减后、后减前命令,可以迅速绘制出具有复杂轮廓的图形对象。单击菜单命令排列/修整/焊接,即可打开修整泊坞窗。

图1-54　修整泊坞窗

在选中多个对象后,属性栏中便会出现焊接 、修剪 和相交 等工具按钮。在该泊坞窗中,选定源对象复选框,可在操作后保留源对象;选定目标对象复选框,可在操作后保留目标对象。

(1)焊接

焊接可以将几个图形对象结合成一个图形对象。使用方法非常简单:

①选中需要操作的多个图形对象,确定目标对象;

②圈选时,压在最底层的对象就是目标对象;多选时,最后选中的对象就是目标对象;

③单击属性栏上的 焊接按钮,即可完成对多个对象的焊接;

④也可选定形状泊坞窗中的 焊接按钮后单击"焊接"按钮,然后用鼠标单击目标对象,即可完成焊接。

(2)修剪

修剪可以将目标对象交叠在源对象上的部分剪裁掉。

(3)相交

使用相交后,可以在两个或两个以上的图形对象的交叠处产生一个新的对象。使用方法同上。

5.对象的对齐

在编辑多个对象时,时常希望将图形页面中的对象整齐地、有条理地和美观地排列和组织起来。这就要用到CorelDRAW提供的对齐、分布及组织工具和命令。

选中多个对象后,单击菜单命令排列/对齐和分布或按下属性栏中的 对齐和分布按钮,即可打开对齐和分布对话框。

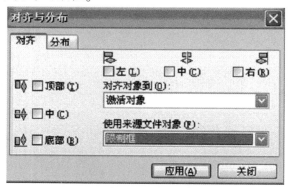

图1-55　对齐对话框

选择对齐标签,在对齐对话框中可以选择对齐的方式,如:上、中、下对齐或左、中、右对齐,也可以选择对齐到页面边缘或页面中央。对齐参数也可以组合选择。

对象的分布

在弹出的对齐和分布对话框中,选择分布标签,即可弹出分布对话框。

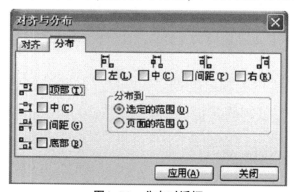

图1-56　分布对话框

在分布对话框中可以选择分布的方式,如:向上、水平居中、上下间隔和底部分布或向左、垂直居中、左右间隔和向右分布,也可以选择根据选定宽度或页面宽度来分布选定对象。分布参数同样可以组合选择。

6.色彩的泊坞窗

单击  轮廓线工具或填充工具级联菜单中的 色彩泊坞窗按钮,即可调出色彩泊坞窗(该泊坞窗也可以通过单击菜单命令窗口/泊坞窗/色彩调出)。

图1-57　色彩泊坞窗的常用的三种调色模式

在该窗口的色彩模式列选框中有包括CMYK、RGB及WebSafeColors等十种色彩模式,并可通过下面的色彩选择滑块（或文本框）来精确设置颜色。通过右上角的 颜色滑轨、 颜色视图和 颜色调色板按钮来转换泊坞窗的调色模式。选择好颜色后,单击填充按钮即可填充对象的内部;单击轮廓线按钮即可填充对象的轮廓线。

用户还可以自定义颜色调色板及混合颜色创建新的颜色。单击添加到调色板按钮,即可将选定或创建的颜色添加到调色板中。

练习与思考

1.矢量图像与位图图像有哪些区别?

2.曲线、节点、控制线、控制点、封闭图形的定义?

3.如何定制自己的操作界面?

4.CorelDRAW工作界面有哪几个部分组成? 各有何作用?

第2章 服装CIS设计应用实例

2.1 标志设计

标志是一种特殊的语言,是人类社会活动与生产活动中不可缺少的一种符号,具有独特传播功用。例如,交通标志、安全标志、操作标志等对于指导人类进行有秩序的活动、确保生命财产安全具有直观、快捷的功效;企标、商标、店标等专用标志对于发展经济、创造经济效益、提高企业的认知度与市场地位具有重要的作用;各种协会、运动会、展览活动以及邮政、金融等公益组织几乎都有自己的标志,从各种角度发挥着沟通、交流、宣传的作用。

标志是视觉传达设计CIS中最基础的设计要素,是最有效的传播手段之一。在进行标志设计时,一定要符合标志设计的原则,既要满足标志的功用性、识别性、显著性、准确性等特点,又要符合视觉审美的原则。

2.1.1 婴之杰标志

婴之杰是一个生产婴幼儿、儿童系列产品的企业标志,这是一家生产婴幼儿、儿童服装、服饰、玩具等系列产品的企业,在设计该标志时,要充分考虑该企业的历史和文化背景。

2.1.2 实例效果

图2-1 "婴之杰"标志正负形

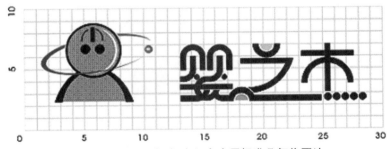

图2-2 "婴之杰"标志组合应用标准几何作图法

2.1.3 制作方法

1.打开CorelDRAW软件,执行菜单栏中的【文件】\【新建】命令,或使用【Ctrl】+【N】组合快捷键,设定纸张大小为200mm×200mm,如图2-3所示。

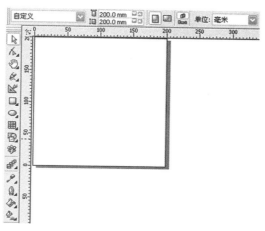

图2-3　新建文件

2. 设置填充色的CMYK值为 (40,0,100,0)，使用工具箱中的椭圆工具，按住【Ctrl】+【Shift】键画出正圆,并设置轮廓笔的各项参数如图2-4所示。

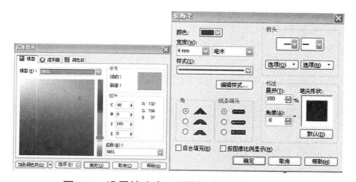

图2-4　设置填充色、设置轮廓笔的各项参数

3.使用【Ctrl】+【R】显示标尺,双击圆形显示出圆心位置,将辅助线拖至圆心位置;使用工具箱中的 ▢ 矩形工具拖出一个长方形并填充为黑色,用【Shift】键加选圆形,并执行菜单栏【排列】\【对齐和分布】\【垂直居中对齐】,将矩形与圆形垂直居中对齐,如图2-5所示。

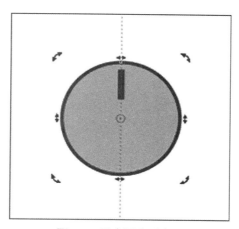

图2-5　垂直居中对齐

4.使用工具箱中的贝塞尔工具 ✎ ,在矩形小方块左侧画出一条曲线,位置如图2-6所

（左侧竖排）服装 CIS 设计应用实例

示。

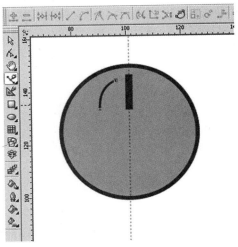

图2-6 画出一条曲线

5.弹出【变换】泊坞窗,点击【水平镜像】按钮,再点击【应用到再制】按钮将曲线水平镜像,用键盘中键头移动键将复制的曲线移到对称的位置如图2-7所示。

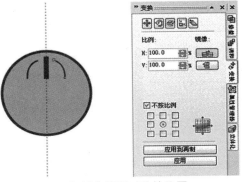

图2-7 复制曲线到对称的位置

6.在左侧弧线的下方,使用工具箱中的椭圆工具 ⬭ ,按住【Ctrl】+【Shift】键画出正圆,填充为黑色,用上述方法进行复制;使用工具箱中的贝塞尔工具 ✎ 拖出一个封闭弧形并填充为黑色,重复上述方法进行对称复制,并执行菜单栏【排列】\【顺序】\【到后部】,或用【Ctrl】+【pgDn】组合快捷键将"八"字弧形放至圆形后部如图2-8所示。

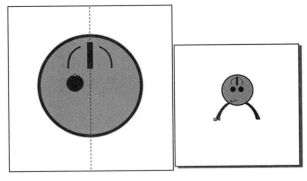

图2-8 对称复制

7.使用工具箱中的椭圆工具 ○,拖出椭圆,并用CMYK值为(40,0,100,0)填色,边框设置为无色;使用工具箱中的矩形工具 □拖出一长方形,并弹出"修整"泊坞窗,泊坞窗选项设置如图2-9所示。

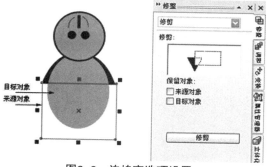

图2-9　泊坞窗选项设置

8.用矩形【来源对象】去【修剪】椭圆【来源对象】,结果如图2-10所示。

图2-10　修剪结果

9.使用工具箱中的椭圆工具 ○,拖出椭圆,并复制、移位椭圆,使用"修整"泊坞窗【修剪】工具进行修剪,结果产生"月牙形"图形如图2-11所示。

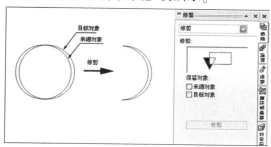

图2-11　修剪产生"月牙形"图形

10.使用白色为"月牙形"图形填色,并移到如图2-12所示位置。

图2-12　"月牙形"图形填色

服装 CIS 设计应用实例

11.再次使用工具箱中的椭圆工具 ⬭,拖出椭圆,并复制、移位椭圆,使用"修整"泊坞窗【修剪】工具进行修剪,结果产生"宇宙"环形如图2-13所示。

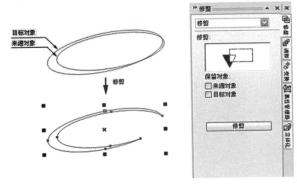

图2-13 "修整"产生"宇宙"环形

12.使用工具箱中的椭圆"饼形"工具, ⬭⬭⬭ ⬭⬭⬭ "饼形"按钮设置饼形起止角度,画出半圆形,使用"修整"泊坞窗【修剪】工具进行修剪,结果产生断开的"宇宙"环形如图2-14所示。

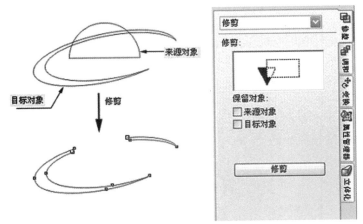

图2-14 修剪产生断开的"宇宙"环形

13.将断开的"宇宙"环形移至如图2-15所示位置。

图2-15 断开的"宇宙"环形位置

14.设置填充色的CMYK值为(0,0,0,40),填充断开的"宇宙"环形如图2-16所示。

图2-16　填充断开的"宇宙"环形

15.使用工具箱中的椭圆工具 ⬭ ,按住【Ctrl】+【Shift】键画出正圆,选择渐变填充 ◼ 对话框按钮,即可弹出渐变填充对话框,设置选项及参数如图2-17所示。

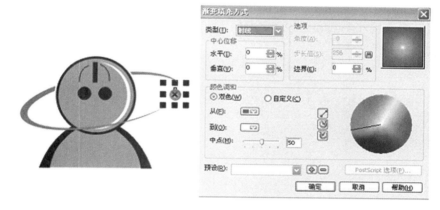

图2-17　渐变填充设置选项及参数

16.完成的标志图形图2-18所示。

图2-18　完成的标志图形

2.2 标准字体设计

2.2.1 实例效果

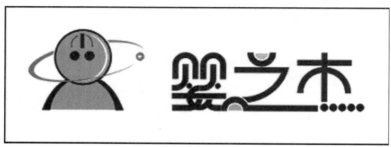

2.2.2 制作方法

1.打开CorelDRAW软件,执行菜单栏中的【文件】\【新建】命令,或使用【Ctrl】+【N】组合快捷键,设定纸张大小为200mm×200mm;使用【Ctrl】+【R】显示标尺,拖出辅助线如图2-19所示。

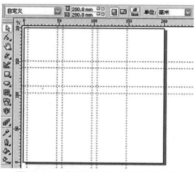

图2-19 新建文件、拖出辅助线

2.使用工具箱中的椭圆工具 ◯,按住【Ctrl】+【Shift】键画出正圆,复制同心圆并执行【排列】\【结合】使两个同心圆组成一个圆环,使用工具箱中的矩形工具 ▢ 拖出长方形,分别按图2-20所示步骤进行【修整】、【焊接】、填色并拖动组合成"贝贝"图形。

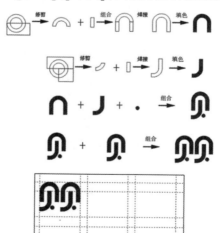

图2-20 进行【修整】、【焊接】、填色并拖动组合成"贝贝"图形

3.按图2-21所示分解步骤进行【修整】、【焊接】、填色并拖动组合成"女"图形。

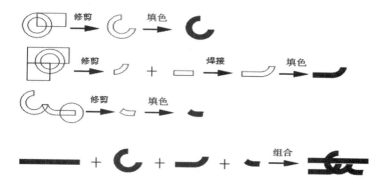

图2-21　进行【修整】、【焊接】、填色并拖动组合成"女"图形

4.将"贝贝"图形及"女"图形拖动组合成"婴"图形，并放在辅助线框内，如图2-22所示。

图2-22　组合成"婴"图形并放在辅助线框内

5.按步骤2制作半圆环形，如图2-23所示。

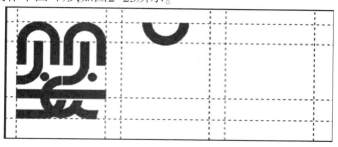

图2-23　制作半圆环形

6.设置填充色的CMYK值为（0,10,70,0），使用工具箱中的椭圆"饼形"工具，"饼形"按钮设置饼形起止角度，画出半圆形并填充，如图2-24所示。

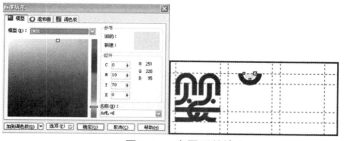

图2-24　半圆形并填充

7.使用工具箱中的椭圆工具 ⬭,按住【Ctrl】+【Shift】键画出正圆,复制同心圆并执行【排列】\【结合】使两个同心圆组成一个圆环,使用工具箱中的矩形工具 ▢ 拖出长方形,进行【修剪】成半圆环图形,如图2-25所示。

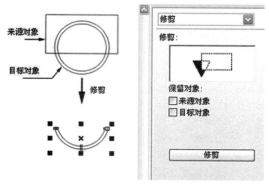

图2-25 【修剪】成半圆环图形

8.使用工具箱中的矩形工具 ▢ 拖出长方形,进行【修剪】成1/4圆环图形,如图2-26所示。

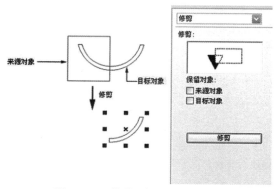

图2-26 【修剪】成1/4圆环图形

9.使用工具箱中的矩形工具 ▢ 拖出长方形与1/4圆环图形进行【悍接】,如图2-27所示。

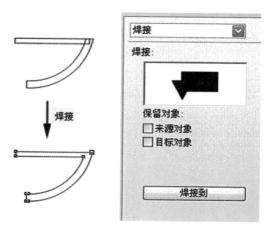

图2-27 长方形与1/4圆环图形【悍接】

10.使用工具箱中的椭圆工具 ⬭,按住【Ctrl】+【Shift】键画出正圆,与步骤9图形进行

【修剪】如图2-28所示。

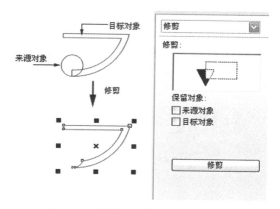

图2-28　正圆与步骤9图形【修剪】

11.将步骤10图形拖至辅助线框内并用黑色进行填色,如图2-29所示。

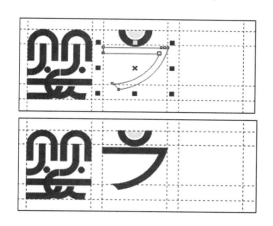

图2-29　将步骤10图形拖至辅助线框内并用黑色进行填色

12.复制半圆环形,使用工具箱中的矩形工具 🔲 拖出长方形,将两者进行【焊接】,如图2-30所示。

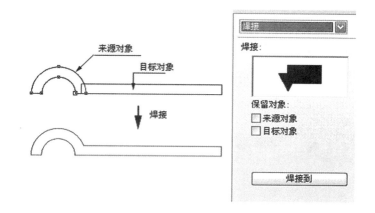

图2-30　半圆环形与长方形【焊接】

13.将步骤12图形拖至辅助线框内并用黑色进行填色,如图2-31所示。

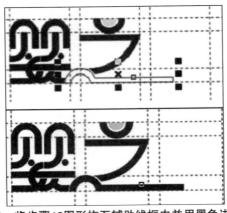

图2-31 将步骤12图形拖至辅助线框内并用黑色进行填色

14.设置填充色的CMYK值为（0,0,0,20），使用工具箱中的椭圆"饼形"工具，"饼形"按钮设置饼形起止角度，在如图2-32所示位置画出半圆形并填充，如图2-32所示。

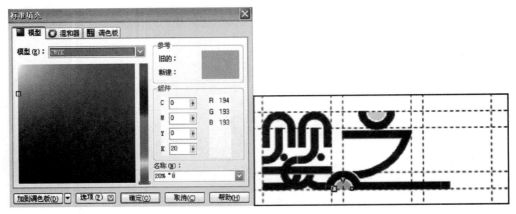

图2-32 画出半圆形并填充

15.分别使用工具箱中的矩形工具 拖出长方形，组成"十"字，复制半圆环形并填充为黑色，组成"木"字如图2-33所示。

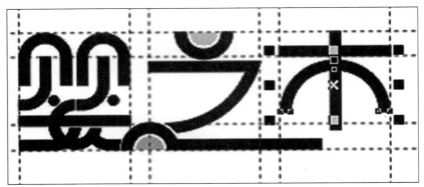

图2-33 组成"木"字

16.在"木"字下方使用工具箱中的椭圆工具 ，按住【Ctrl】+【Shift】键画出正圆，填充黑色；复制该圆图形并移至最右侧，使用工具箱调和工具，弹出"调和"泊坞窗，设置选项及

38

参数如图2-34所示。

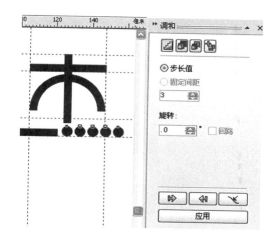

图2-34 "调和"圆图形

17."婴之杰"标准字体设计效果如图2-35所示。

图2-35 "婴之杰"标准字体设计效果

18.执行菜单栏【文件】\【导入】命令,导入商标图形,并调整其大小,与"婴之杰"标准字体进行组合,效果如图2-36所示。

图2-36 商标图形与"婴之杰"标准字体组合效果

19.选择工具箱图纸工具 ▦ ,在图纸工具属性栏中的 ▦ 框中设置纵、横方向的网格数,按住【Shift】键拖出网格,并选择边框颜色,效果如图2-37所示。

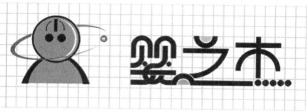

图2-37 网格效果

20.选择工具箱的文本工具,在方格的下方及左侧分别输入如图2-38所示的文字,并在属性栏中设置文字的字体为"华文细黑",字体颜色为黑色,字体大小根据实际情况来设置,"婴之杰"标志组合应用标准几何作图法图例已经完成。

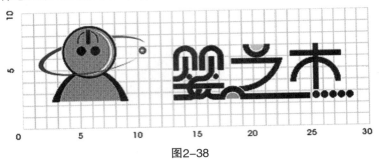

图2-38

2.3 服装吊牌设计

服装吊牌的制作材料大多为纸质,也有塑料的、金属的……另外,近年还出现了用全息防伪材料制成的新型吊牌。再从它的造型上看:有长条形的,对折形的,圆形的,三角形的,插袋式的以及其他特殊造型的,琳琅满目。尽管每个服装企业的吊牌各具特色,但大多在吊牌上印有厂名、厂址、电话、邮编、徽标等。有些企业,还要印上公司的性质(如中外合资、独资等);还有的服装厂家则干脆把小小的吊牌,视为一张缩微的"广告",把名模靓女身着自己产品的照片印在了上面,使消费者对自己的产品有更深刻的印象;还有些厂家,为感谢消费者购买了自己的产品,往往还要在吊牌上印上鸣谢、祝愿的话语,给人以亲切感;有的吊牌则更像一张产品使用说明书,因为上面不仅印有产品是要用何种面料,其性能如何,甚至还要把洗涤服装的水温、洗涤方式,用何种类型的清洗剂以及如何保养都要印在吊牌上,可见厂商对消费者是十分负责的。此外,随着服装市场的日益繁荣,竞争也势必更加激烈,有些名牌厂家,为了保护自己的产品不受假冒伪劣产品的侵害,都不惜工本地使用了各种全息防伪吊牌和条码。这既保护企业自身的利益,也维护了广大消费者的权益。服装吊牌虽小,但却是时装本身联结消费者的一种纽带。它是现代时装文化的必然产物,对提高和保护服装企业的声誉,推销产品都有着积极作用。因此,如果把吊牌比喻为时装的名牌,那是再恰当不过的了。

服装吊牌的平面设计,往往把它当作一张小小的平面广告来对待,要细致考虑如下要素:必要的成分说明和洗涤指导,特别是洗涤指导,不要过于简单;对于功能性服装如羽绒服、塑体内衣、保暖服等要有细致的使用说明,不要简单地使用几个标准的洗涤图标反映。细致的说明可以体现公司对客户的负责和体贴的态度;对于复杂的说明指导,可以使用图例形式、甚至可以使用卡通来制作,这样生动而创新;可以适当地使用图片,如名模靓女身着产品的照片,给人以直观的感受,起到了很好的宣传促销作用;条形码(Barcode)成为现代物流的标志,超级市场和大型商场都要求商品标注条形码,因此不要忘记打上条形码。关于条形码的使用和商品分类,一定要科学合理,不能随便编码;有关认证标志,例如,反映产品质量保证的ISO9001/9002、环保ISO14000、全棉标志、纯羊毛标志、欧洲绿色标签Oeko-TexStandardl00、欧洲生态标签Eco-1abel等,要积极悬挂,利于反映产品的质量特点,体现企业形象,赢得客户的信赖和认知;配合全息防伪和条码防伪。

2.3.1　实例效果

图2-39　"婴之杰"服装吊牌

2.3.2　制作方法

1.打开CorelDRAW软件,执行菜单栏中的【文件】\【新建】命令,或使用【Ctrl】+【N】组合快捷键,设定纸张大小为100mm×150mm;使用【Ctrl】+【R】显示标尺,拖出辅助线如图2-40所示。

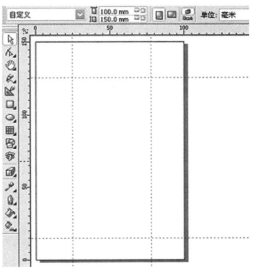

图2-40　新建文件、拖辅助线

2.设置填充色的CMYK值为(40,0,100,0),使用工具箱中的矩形工具,紧贴辅助线拖出矩形并填色如图2-41所示。

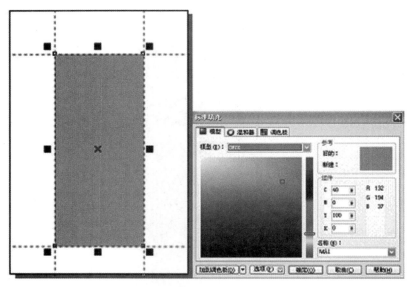

图2-41　矩形填色CMYK(40,0,100,0)

3.设置填充色的CMYK值为(0,0,20,0),使用工具箱中的矩形工具,拖出矩形并填色如图2-42所示。

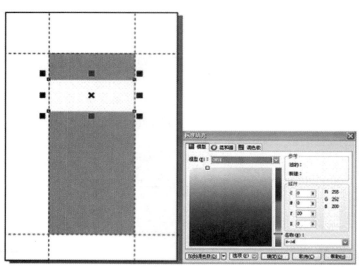

图2-42　矩形填色CMYK(0,0,20,0)

4.执行菜单栏【文件】\【导入】命令,导入上节制作的商标图形与"婴之杰"标准字体组合,如图2-43所示。

图2-43　导入商标图形与"婴之杰"标准字体组合

5.将商标图形与"婴之杰"标准字体组合调整其大小并放至服装吊牌如图2-44所示位置。

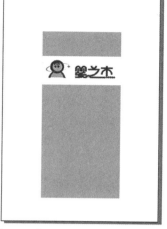

图2-44　商标图形与"婴之杰"标准字体组合大小及位置

6.使用【Ctrl】+【N】组合快捷键新建文件,设定纸张大小为100mm×100mm;使用工具箱中的椭圆工具,按住【Ctrl】+【Shift】键画出正圆,填色为黄色CMYK值为(0,0,20,0),复制并缩小正圆放置到图形的右边;使用工具箱中的贝塞尔工具拖出如图2-45所示曲线作为调和路径。

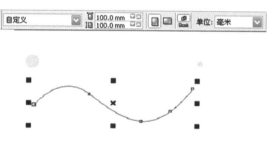

图2-45　调和路径

7.选择左侧一个圆形,单击工具箱中的互交式调和工具,在图形上按下鼠标不放往右拖动鼠标至第二个圆形,执行调和效果后,在两黄色圆形中间增加不同大小的黄色圆形,增加圆形的数量可以通过设置属性栏或泊坞窗中的步长值来改变其调和数, 如图2-46所示中将步长值设置为15,于是原来的两个黄色圆形就变成了17个大小递减的黄色圆形。

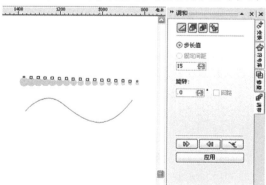

图2-46　互交式调和、步长值设置

8.将互交式调和工具调和产生的17个大小递减的黄色圆形沿路径调和,如图2-47所示。

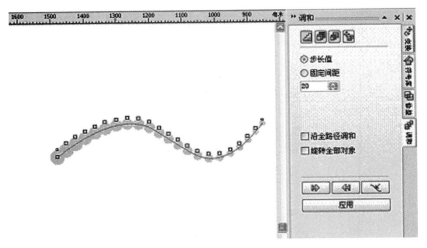

图2-47　沿路径调和

9.将路径与调和对象分离,并删除路径效果如图2-48所示。

图2-48　分离并删除路径

10.将调和产生的17个大小递减的黄色圆形全部选中,执行菜单栏【排列】\【群组】命令进行群组,双击该群组,将圆心移置如图2-49所示位置,弹出【变换】泊坞窗,在属性栏中点击【旋转】选项按钮,设置旋转角度为10°,选择相对中心旋转。

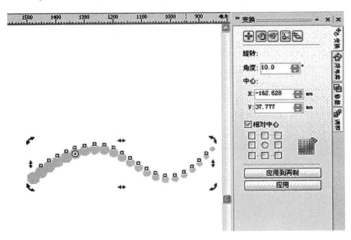

图2-49　圆心移位并设置选项及参数

11.反复点击【变换】泊坞窗面板"应用到再制"按钮,直到完成360°复制,使用【Ctrl】+

【A】组合快捷键选择全部对象,执行菜单栏【排列】\【群组】命令进行群组,完成效果如图2-50所示。

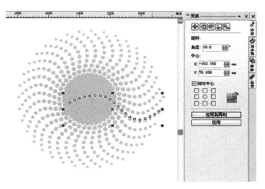

图2-50　完成360°复制

12.执行菜单栏【文件】\【导入】命令,导入上节制作的"婴之杰"服装标志图形,将上述图形调整大小,放置"婴之杰"服装吊牌图形合适位置,设置填充色的CMYK值为(0,0,0,10)并填充如图2-51所示。

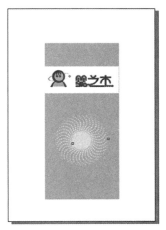

图2-51　组合图形

13.使用工具箱中的椭圆工具,按住【Ctrl】+【Shift】键画出正圆填充为白色,并设置轮廓笔的CMYK值为(0,0,0,50),完成小圆孔的绘制,效果如图2-52所示。

图2-52　小圆孔的绘制

14.使用工具箱中的贝塞尔工具拖出丝带的封闭路径,再单击工具箱中的颜色对话框工具,在弹出的"标准填充方式"对话框中将填色的CMYK值为(0,65,60,0),并单击"确定"按钮,将丝带填充为橙色如图2-53所示。

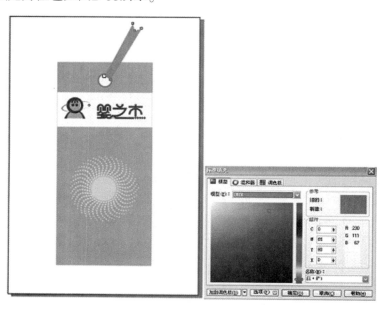

图2-53　丝带填色

15.按键盘上"+"键复制丝带,将填色设置为CMYK值(20,100,75,0)的棕色填色,使用【Ctrl】+【pgDn】组合快捷键将棕色丝带放置在橙色丝带后面,并进行错位移动,将这两个对象执行菜单栏【排列】\【群组】命令进行群组如图2-54所示。

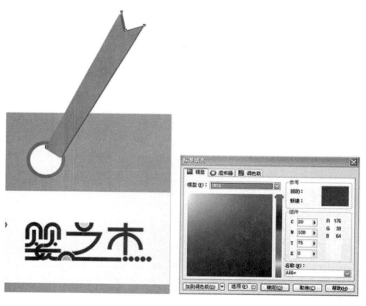

图2-54　丝带组合

16.按键盘上"+"键复制丝带组合,使用属性栏镜像按钮进行水平镜像,并执行菜单栏【排列】\【顺序】\【到后面】将复制的丝带放置吊牌的后面,效果如图2-55所示。

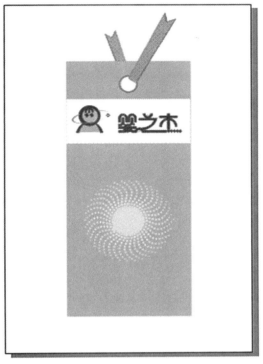

图2-55　丝带的复制及位置

17.使用【Ctrl】+【A】组合快捷键选择全部对象,执行菜单栏【排列】\【群组】命令进行群组,执行工具箱互交式阴影工具并在属性栏中设置各项参数,完成服装吊牌的阴影效果如图2-56所示。

图2-56　服装吊牌的阴影效果

18.最后完成的"婴之杰"服装吊牌的效果如图2-57所示。

图2-57　服装吊牌的完成效果

2.4　服装专卖店设计

专卖店是一种特殊的商业经营形式,专卖店设计是企业视觉传达设计CIS中重要的设计要素之一,其形象识别的统一可以体现出企业的管理理念和经营特色。一个优秀的服装专卖店设计除了在视觉上要求整洁、美观以外,还要能够很好的传达给顾客相关的产品信息,能最大限度的使顾客产生购买的欲望和形成购买的行为,在设计专卖店有一些基本的原则和方法,简单来说就是"一个主题和四个要素"。

所谓一个主题,指的是任何一个专卖店的设计都是有一个核心的,这就是什么品牌的专卖店,这是店面设计的灵魂,所有的设计都要围绕这个主题展开。而四个要素指的是设计中的沟通要素、设计要素、商业要素和提示要素,所有这些要素的组合构成了一个完整的店面设计。

2.4.1　实例效果

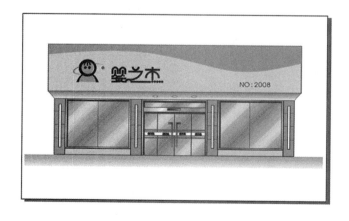

2.4.2 制作方法

1.打开CorelDRAW软件,执行菜单栏中的【文件】\【新建】命令,或使用【Ctrl】+【N】组合快捷键,设定纸张大小为1600mm×1000mm,如图2-58所示。

图2-58 新建文件

2.分别使用工具箱中的矩形工具 ⬜ 拖出长方形,设置长宽尺寸,并结合使用工具箱中的贝塞尔工具 ✐ 绘制专卖店的框架图如图2-59所示。

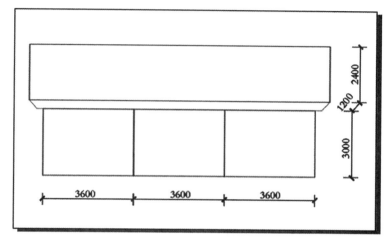

图2-59 专卖店的框架图

3.选择门头柜形,单击工具箱中的颜色对话框工具 ▨ ,在弹出的"标准填充方式"对话框中将填色的CMYK值为(0,0,0,10),并单击"确定"按钮,将门头矩形填充为浅灰色;使用工具箱中的贝塞尔工具 ✐ 绘制弧形封闭路径,单击工具箱中的颜色对话框工具 ▨ ,在弹出的"标准填充方式"对话框中将填色的CMYK值为(40,0,100,0),并单击"确定"按钮,将弧形封闭路径填充为绿色,效果如图2-60所示。

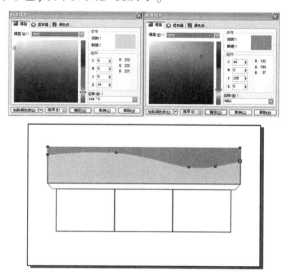

图2-60 门头柜形及弧形封闭路径填色

4.使用工具箱中的贝塞尔工具 ，绘制门头吊顶封闭路径，如图2-61所示。

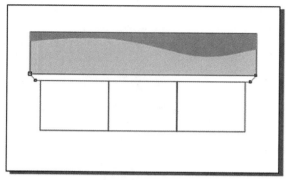

图2-61 绘制门头吊顶封闭路径

5.使用工具箱中的渐变工具 ，在弹出的"渐变填充方式"对话框中选择从灰到白双色渐变，将渐变类型选择为"线性"，其余选项及参数设置如图2-62所示。

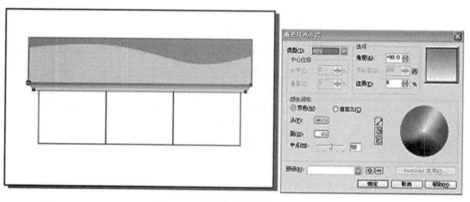

图2-62 渐变选项及参数设置

6.单击对话框中的"确定"按钮，将门头吊顶填充为线性渐变，效果图2-63所示。

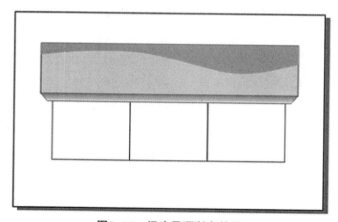

图2-63 门头吊顶渐变效果

7.使用工具箱中的椭圆工具 ，拖出椭圆填充为白色，并设置轮廓笔的CMYK值为(0,0,0,50)，完成门头吊顶筒灯的绘制，效果如图2-64所示。

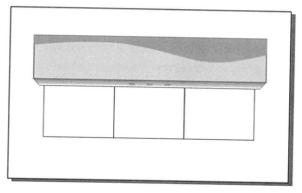

图2-64　吊顶筒灯的绘制

8.使用工具箱中的矩形工具 □ 拖出长方形,设置柱子长宽尺寸,单击工具箱中的颜色对话框工具 ▣ ,在弹出的"标准填充方式"对话框中将填色的CMYK值为(40,0,100,0),并单击"确定"按钮,将柱子填充为绿色,效果如图2-65所示。

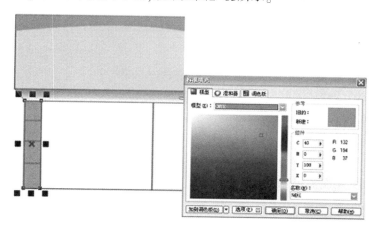

图2-65　柱子填充为绿色

9.用小键盘上的"+"键分别复制柱子,并移动至如图2-66所示位置。

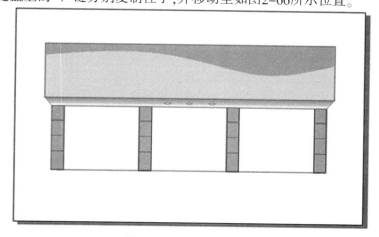

图2-66　复制、移动柱子

10.使用工具箱中的矩形工具拖出长方形,设置窗户底墙长宽尺寸,单击工具箱中的颜色对话框工具,在弹出的"标准填充方式"对话框中将填色的CMYK值为(0,0,0,10),并单击"确定"按钮,将柱子填充为浅灰色,效果如图2-67所示。

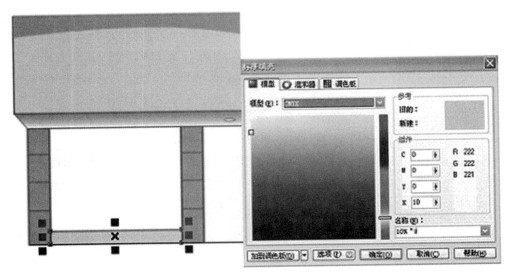

图2-67　窗户底墙填色效果

11.用小键盘上的"+"键复制窗户底墙,并移动至如图2-68所示位置。

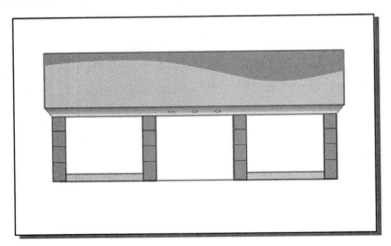

图2-68　复制、移动窗户底墙

12.使用工具箱中的矩形工具拖出长方形,设置窗户不锈钢边框长宽尺寸,单击工具箱中的渐变工具,在弹出的"渐变填充方式"对话框中选择自定义渐变如图2-69所示,将渐变类型选择为"线性",其中各主要控制点的位置和颜色参数分别如下:

位置:0颜色:CMYK值(0,0,0,30)

位置:22颜色:CMYK值(0,0,0,0)

位置:49颜色:CMYK值(0,0,0,30)

位置:77颜色:CMYK值(0,0,0,0)

位置:100颜色:CMYK值(0,0,0,30)

图2-69　窗户不锈钢边框自定义"线性"渐变

13.用小键盘上的"+"键复制窗户、门不锈钢边框,并移动至如图2-70所示位置。

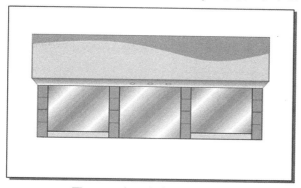

图2-70　复制窗户不锈钢边框

14.使用工具箱中的矩形工具拖出长方形,设置窗户玻璃长宽尺寸,单击工具箱中的渐变工具,在弹出的"渐变填充方式"对话框中选择自定义渐变如图2-71所示,将渐变类型选择为"线性",其中各主要控制点的位置和颜色参数分别如下:

位置:0颜色:CMYK值(20,8,0,20)

位置:22颜色:CMYK值(9,0,0,0)

位置:49颜色:CMYK值(20,8,0,20)

位置:77颜色:CMYK值(9,0,0,0)

位置:100颜色:CMYK值(20,8,0,20)

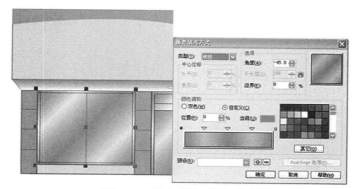

图2-71　窗户玻璃"线性"渐变

15.用小键盘上的"+"键复制窗户玻璃、门玻璃,并移动至如图2-72所示位置。

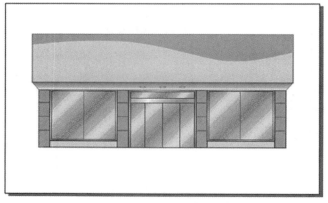

图2-72　复制窗户玻璃、门玻璃

16.使用工具箱中的矩形工具拖出长方形,设置自动移门感应器长宽尺寸,并使用工具箱中的渐变工具,在弹出的"渐变填充方式"对话框中选择从灰到白双色渐变,将渐变类型选择为"线性",其余选项及参数设置如图2-73所示。

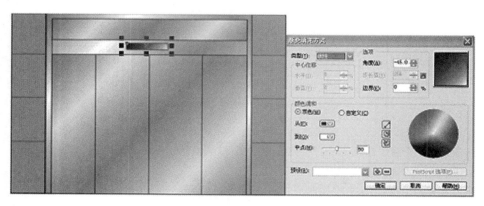

图2-73　自动移门感应器"线性"渐变

17.使用工具箱中的矩形工具在门玻璃中间位置拖出长方形为玻璃即时贴装饰条,单击工具箱中的颜色对话框工具,在弹出的"标准填充方式"对话框中将填色的CMYK值为(40,0,100,0),如图2-74所示。

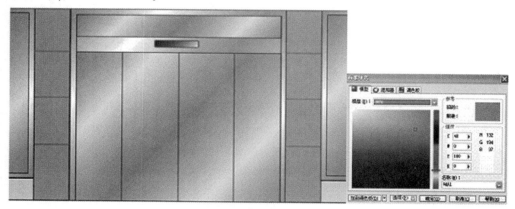

图2-74　设置CMYK值

18.并单击"确定"按钮,将封闭路径填充为绿色,中间一条填充为白色,效果如图2-75所示。

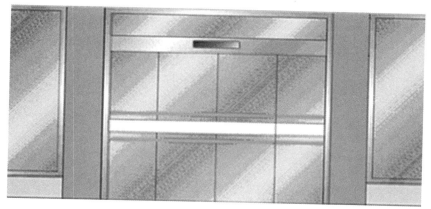

图2-75　时贴装饰条效果

19.使用工具箱中的贝塞尔工具绘制门拉手封闭路径,使用工具箱中的渐变工具,在弹出的"渐变填充方式"对话框中选择从黑到白双色渐变,将渐变类型选择为"线性",其余选项及参数设置如图2-76所示。

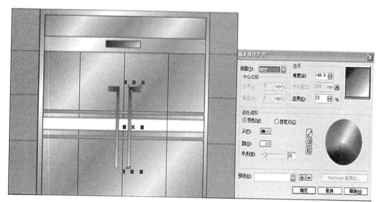

图2-76　门拉手"线性"渐变

20.完成门拉手"线性"渐变后门面整体效果如图2-77所示。

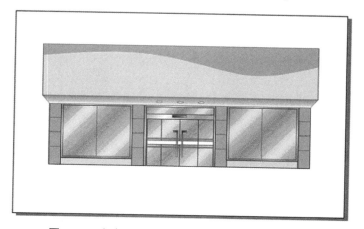

图2-77　完成门拉手"线性"渐变后门面整体效果

21. 使用工具箱中的矩形工具在门柱中间位置拖出长方形为发光灯箱，并填充为白色，如图2-78所示。

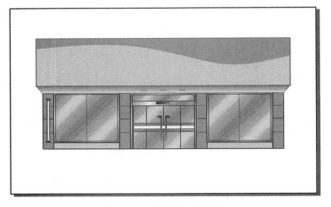

图2-78　发光灯箱填色

22.按小键盘上的"+"键复制发光灯箱，并移动至如图2-79所示位置。

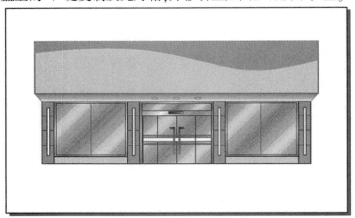

图2-79　复制发光灯箱

23.使用工具箱中的矩形工具在门、窗玻璃的左侧、上方位置拖出长方形为投影，单击工具箱中的颜色对话框工具，在弹出的"标准填充方式"对话框中将填色的CMYK值为(0,0,0,70),如图2-80所示。

2-80　颜色对话框参数设置

24.并单击"确定"按钮,将投影封闭路径填充为深灰色,效果如图2-81所示。

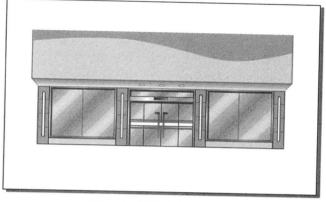

图2-81　投影填充为深灰色

25.执行菜单栏【文件】\【导入】命令,导入2.2节制作的"婴之杰"服装标志组合图形,并调整大小,放在"婴之杰"服装吊专卖店门头合适位置,如图2-82所示。

图2-82　导入"婴之杰"服装标志组合图形

26.选择工具箱的文本工具,在门面右侧分别输入"NO:2008"的文字,并在属性栏中设置文字的字体为"华文细黑",字体颜色为黑色,字体大小根据实际情况来设置,效果如图2-83所示。

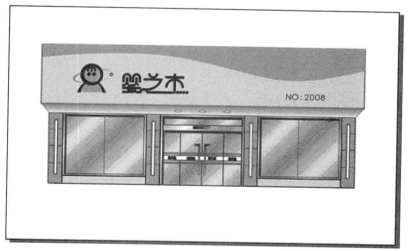

图2-83　输入"NO:2008",调整大小、位置

27.使用工具箱中的矩形工具在门柱下方位置拖出长方形为地坪,使用工具箱中的渐

变工具,在弹出的"渐变填充方式"对话框中选择从灰到白双色渐变,将渐变类型选择为"线性",其余选项及参数设置如图2-84所示。

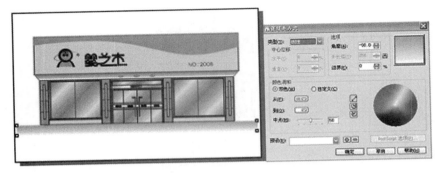

图2-84

28.地坪"线性"渐变后整个"婴之杰"服装专卖店已制作完成,效果如图2-85所示。

图2-85 "婴之杰"服装专卖店最终效果

练习与思考

1.标志设计的原则有哪些?

2.服装吊牌在服装销售过程中有哪些作用?

3.以"李宁"品牌服装为例,完成"李宁"牌商标、吊牌、专卖店设计。

第3章 服饰图案设计应用实例

在中国的传统文化中,花卉图案代表吉祥如意、物丰人和。如牡丹花开富贵,菊花人寿年丰,玫瑰情投意合。中国人十分喜爱花卉图案,于是将许多的花卉图案用不同的形式、形态点缀在服装上,统称为服饰图案。

随着现代科技的迅速发展,服饰图案中的花卉图案已经成为领导流行的主体,像提花、晕染效果的图案、水彩风格的大型花卉图案;甚至一些以前不能实现的花型,在现代技术的加工下,都表现得淋漓尽致。大量的色织提花、套色交织、平纹印花技术,对于花卉的描述充分并且生动;在花型方面,打破了传统花卉的旧手法,粗细的变化表现花卉的婀娜,深浅的变化表现花卉的立体形式;还有充满童趣色彩、对比明显的图案,可以用于童装的设计;抽象花卉图案的创新,摆脱时代的束缚,在现代技术的辅助下,尽现前卫的风采;另外,现代的珠绣技术,更是将花卉包装的富贵典雅,亮闪闪的珠花、绣片、金属丝线,使得服装金碧辉煌。

3.1 适合纹样设计

适合纹样设计是指将一种纹样适当地组织在某一特定的形状(如三角形、多角形、圆形、方形、菱形等)范围之内,使之适合于某种装饰的要求。

3.1.1 实例效果

图3-1 适合纹样正负形、上色稿

3.1.2 制作方法

1.打开CorelDRAW软件,执行菜单栏中的【文件】\【新建】命令,或使用【Ctrl】+【N】组合快捷键,设定纸张大小为100mm×100mm,并使用【Ctrl】+【R】显示标尺,将辅助线拖至适当位置,如图3-2所示。

服装图案设计应用实例

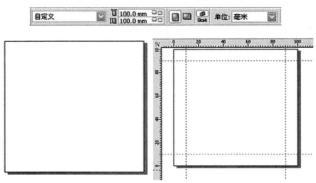

图3-2　新建文件并设置辅助线

2.执行菜单栏【查看】\【对齐辅助线】命令,使用工具箱中的钢笔工具 ,拉出两条对角辅助线如图3-3所示。

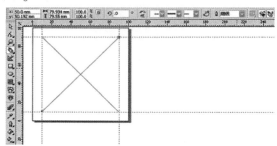

图3-3　拉出两条对角辅助线

3.单击工具箱中的贝塞尔工具 ,菜单栏下方弹出贝塞尔工具的属性栏如图3-4所示。

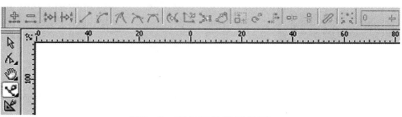

图3-4　塞尔工具的属性栏

4.紧贴辅助线,使用工具箱中的矩形工具 拖出一正方形,单击工具箱中的贝塞尔工具 ,大致画出图形如图3-5所示。

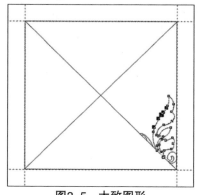

图3-5　大致图形

5.选择形状工具 ，为上述图形增加若干节点，并将节点调到使上述图形线条圆顺的位置，如图3-6所示。

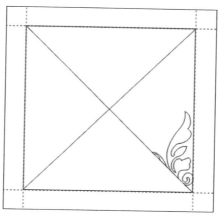

图3-6　线条圆顺图形

6.继续使用贝塞尔工具 和形状工具 在上述图形的基础上添加出如图3-7所示的图形。

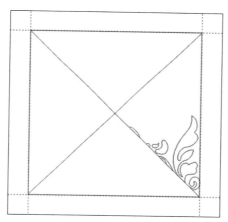

图3-7　继续画出图形

7.同样使用贝塞尔工具和形状工具在上述图形的基础上添加出如图3-8所示的图形。

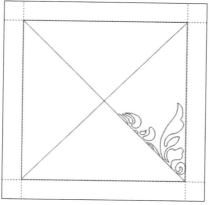

图3-8　继续画出图形

服
装
图
案
设
计
应
用
实
例

8.使用贝塞尔工具 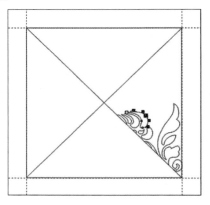 在上述图形的基础上添加出如图3-9所示的图形。

图3-9　贝塞尔工具画曲线

9.选择形状工具 ，为上述图形增加若干节点,并将节点调到使上述图形线条圆顺的位置,如图3-10所示。

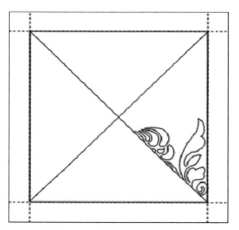

图3-10　形状工具修正曲线

10.继续使用贝塞尔工具 在上述图形的基础上添加出如图3-11所示的图形。

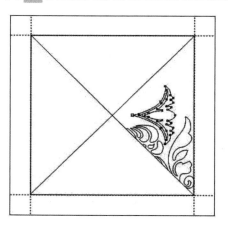

图3-11　贝塞尔工具画曲线

11.选择形状工具 ,为上述图形增加若干节点,并将节点调到使上述图形线条圆顺的位置,如图3-12所示。

图3-12　形状工具修正曲线

12.将上述图形全部选中,执行菜单栏【排列】\【群组】命令进行群组,并顺时针旋转45°,如图3-13所示。

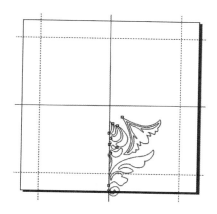

图3-13　顺时针旋转45°

13.执行【变换】\【水平镜像】\【应用到再制】命令,移动、对齐形成对称图形,如图3-14所示。

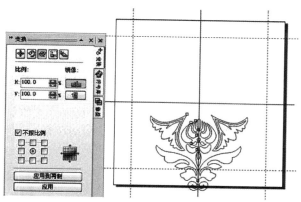

图3-14　复制形成对称图形

14.将上述对称图形全部选中,执行菜单栏【排列】\【群组】命令进行群组,并逆时针旋转45°,旋转到原来对角线的位置,如图3-15所示。

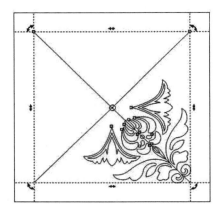

图3-15　旋转到原来对角线的位置

15.将两对称图形执行菜单栏【排列】\【结合】命令进行结合,组成一个封闭的对称图形,如图3-16所示。

图3-16　组成一个封闭的对称图形

16.双击封闭的对称图形,将圆心位置移到对角线交叉点,弹出【变换】泊坞窗,点击【旋转】选项按钮,设置旋转角度为90°,其余选项及参数设置如图3-17所示。

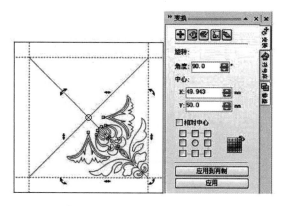

图3-17　设置旋转角度及参数

17.在【变换】泊坞窗面板上点击【应用到再制】按钮一次,将封闭的对称图形复制并旋转了90°,如图3-18所示。

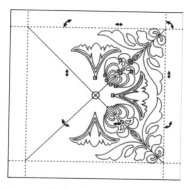

图3-18　点击【应用到再制】按钮一次

18.再连续在【变换】泊坞窗面板上点击【应用到再制】按钮二次,将封闭的对称图形复制并旋转了180°、270°,如图3-19所示。

图3-19　再点击【应用到再制】按钮二次

19.将上述图形局部放大,以图形对角线交叉点为圆心,使用工具箱中的椭圆工具,按住【Ctrl】+【Shift】键画出正圆,再使用工具箱中的椭圆工具拖出椭圆,将该椭圆与正圆进行【排列】\【对齐与分布】\【垂直中心对齐】,弹出【变换】泊坞窗,点击【旋转】选项按钮,设置旋转角度为22.5°,其余选项及参数设置如图3-20所示。

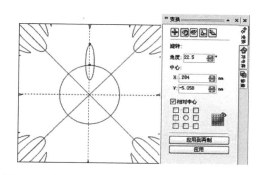

图3-20　椭圆与正圆垂直中心对齐、设置旋转角度

20.在【变换】泊坞窗面板上反复点击【应用到再制】按钮,将椭圆复制并旋转了16次,弹出【修整】泊坞窗,选择【焊接】选项,其余选项设置如图3-21所示。

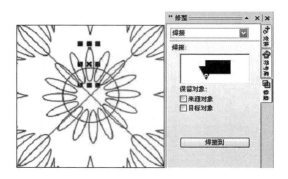

图3-21　椭圆复制并旋转一周、选择【焊接】选项

21.将正圆作为【来源对象】,椭圆作为【目标对象】,先选中【来源对象】,点击【焊接到】按钮,分别用鼠标点击【目标对象】,将正圆与椭圆分别进行焊接,效果如图3-22所示。

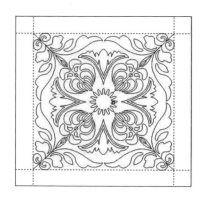

图3-22　正圆与椭圆分别进行焊接

22.选中两根对角辅助线,按键盘【Del】键删除两根对角辅助线,完成线描方形适合纹样效果如图3-23所示。

图3-23　线描方形适合纹样

23.使用工具箱中的矩形工具,紧贴辅助线拖出矩形,单击工具箱中的颜色对话框工

具,在弹出的"标准填充方式"对话框中将填色的CMYK值为(35,65,100,40),并单击"确定"按钮,将图案背景填充为浅棕色,效果如图3-24所示。

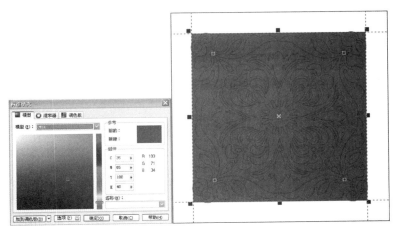

图3-24　图案背景填充为浅棕色

24.单击工具箱中的颜色对话框工具,在弹出的"标准填充方式"对话框中将填色的CMYK值为(35,40,70,0),轮廓笔的颜色为橙色,其余选项及参数设置如图3-25所示,

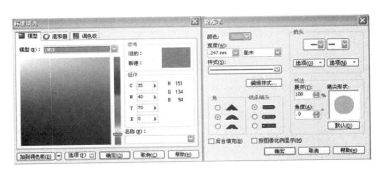

图3-25　填色CMYK值设置、轮廓笔选项及参数设置

25.使用工具箱挑选工具分别选中如图3-26所示位置图形,并单击"确定"按钮,将选中图形按上述方式填色,效果如图所示。

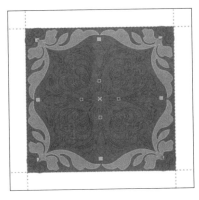

图3-26　将选中图形填色

26.使用工具箱挑选工具分别选中如图3-27所示位置图形,单击工具箱中的颜色对话框工具,在弹出的"标准填充方式"对话框中将填色的CMYK值为(0,50,100,0),并单击"确定"按钮,将选中图形填色,在调色板的上面单击右键,消除对象轮廓笔边线的填充,效果如图所示。

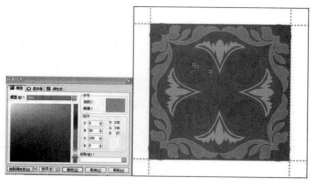

图3-27　CMYK值为(0,50,100,0)图形填色、去边框

27.使用工具箱挑选工具分别选中如图3-28所示位置图形,单击工具箱中的颜色对话框工具,在弹出的"标准填充方式"对话框中将填色的CMYK值为(10,75,100,0),并单击"确定"按钮,将选中图形填色,在调色板的上面单击右键,消除对象轮廓笔边线的填充,效果如图所示。

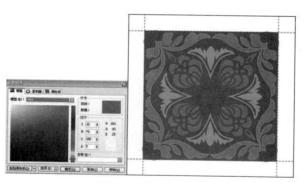

图3-28　CMYK值为(10,75,100,0)图形填色、去边框

28.使用工具箱挑选工具选中中心图形,单击工具箱中的颜色对话框工具,在弹出的"标准填充方式"对话框中将填色的CMYK值为(0,21,50,0),并单击"确定"按钮,将选中图形填色,在调色板的上面单击右键,消除对象轮廓笔边线的填充,效果如图3-29所示。

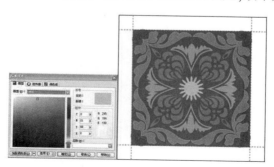

图3-29　中心图形填色

29.使用工具箱挑选工具选中四个角边图形,单击工具箱中的颜色对话框工具,在弹出的"标准填充方式"对话框中将填色的CMYK值为(0,21,50,0),并单击"确定"按钮,将选中图形填色,在调色板的上面单击右键,消除对象轮廓笔边线的填充,完成上色方形适合纹样制作,效果如图3-30所示。

图3-30　四个角边图形填色

30.将步聚21线描方形适合纹样的花纹纹样选中,填充为黑色,背景色为白色,则完成方形适合纹样的正形制作;将步聚21线描方形适合纹样的花纹纹样选中,填充为白色,背景色为黑色,则完成方形适合纹样的负形制作;分别将不同部位的花纹纹样填充不同的色彩,则完成另一色彩系列的方形适合纹样制作,以此类推,可以完成同一花纹纹样不同配色效果的方形适合纹样制作,该方形适合纹样的正负形、不同配色效果实例如图3-31所示。

图3-31　方形适合纹样的正负形、不同配色效果

3.2　连续纹样设计

■二方连续:指单独纹样以线状的方式重复出现,形成线型图案,又称为二方连续。

■四方连续:指单独纹样以面状的方式重复出现,形成面型图案,又称为四方连续。

3.2.1　实例效果

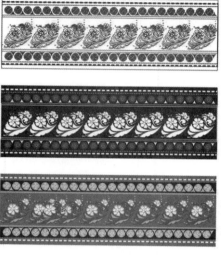

图3-32

3.2.2　制作方法

1.打开CorelDRAW软件,执行菜单栏中的【文件】\【新建】命令,或使用【Ctrl】+【N】组合快捷键,设定纸张大小为400mm×135mm,如图3-33所示。

图3-33　新建文件

2.使用工具箱中的矩形工具拖出一个长方形,其长为400mm,宽为135mm,单击工具箱中的颜色对话框工具, 在弹出的 "标准填充方式" 对话框中将填色的CMYK值为(100,10,10,0),并单击"确定"按钮,将图案背景填充为天蓝色,效果如图3-34所示。

图3-34　图案背景填充为天蓝色

3.使用工具箱中的矩形工具🔲拖出一个长方形,单击工具箱中的颜色对话框工具■,在弹出的"标准填充方式"对话框中将填色的CMYK值为(0,100,0,0),并单击"确定"按钮,将长方形填充为玫瑰红色,按住【Shift】键,将天蓝色长方形与玫瑰红色长方形一起选择,然后按下属性栏中的【对齐与分布】按钮,在弹出的对话框中选择【水平居中对齐】,效果如图3-35所示。

图3-35　天蓝色长方形与玫瑰红色长方形水平居中对齐

4.重复步骤3,将另一长方形填充为深蓝色,CMYK值为(100,100,0,0),按住【Shift】键,将深蓝色长方形与玫瑰红色长方形一起选择,然后按下属性栏中的【对齐与分布】按钮,在弹出的对话框中选择【水平居中对齐】,效果如图3-36所示。

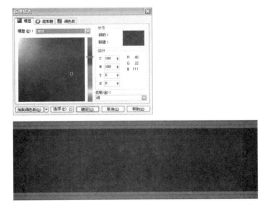

图3-36　深蓝色长方形与玫瑰红色长方形水平居中对齐

5.重复步骤4,将另一长方形填充为天蓝色,CMYK值为(40,0,0,0),按住【Shift】键,将天蓝色长方形与深蓝色长方形一起选择,然后按下属性栏中的【对齐与分布】按钮,在弹出的对话框中选择【水平居中对齐】,效果如图3-37所示。

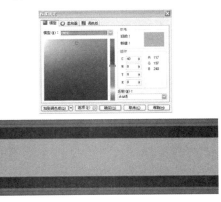

图3-37　天蓝色长方形与深蓝色长方形水平居中对齐

6.重复步骤5,将另一长方形填充为玫瑰红色,CMYK值为(0,100,0,0),按住【Shift】键,将玫瑰红色长方形与天蓝色长方形一起选择,然后按下属性栏中的【对齐与分布】按钮,在弹出的对话框中选择【水平居中对齐】,效果如图3-38所示。

图3-38　玫瑰红色长方形与天蓝色长方形水平居中对齐

7.单击工具箱手绘工具 ,在如图3-39所示位置画一条直线,使该直线处于选择状态,按【F12】键,弹出"轮廓笔"对话框,或者单击工具箱中的轮廓笔对话框工具,选项及参数设置如图3-39所示,并按小键盘"+"号键,复制并移动该虚线至如图3-39所示位置。

图3-39　复制并移动虚线

8.重复步骤7,用工具箱手绘工具 画出一条虚线,复制并移动另一条虚线,效果如图3-40所示。

图3-40　复制并移动另一条虚线

9.单击工具箱螺旋线工具 ⊚ ,在螺旋线工具属性栏的 ⊚5 ⬆⬇ 栏中设置螺旋线的圈数值,按【F12】键,弹出"轮廓笔"对话框,或者单击工具箱中的轮廓笔对话框工具,选项及参数设置如图3-41所示。

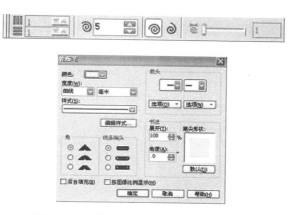

图3-41　螺旋线工具属性栏选项及参数设置

10.在如图3-42所示位置拖出黄色螺旋线。

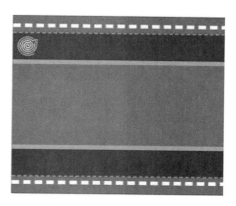

图3-42　拖出黄色螺旋线

11.按小键盘"+"号键,将黄色螺旋线复制一次,并将该黄色螺旋线移至二方连续图案底色的右侧,如图3-43所示。

图3-43　黄色螺旋线复制

12.先用选取工具 ▸ 选取左侧黄色螺旋线,再单击工具箱交互式调和工具 ▱ ,在黄色螺旋线上按下鼠标不放往右拖动鼠标至右侧第二个黄色螺旋线,执行调和效果后,在两个黄色螺旋线中间增加大小相同的黄色螺旋线,增加螺旋线的数量可以通过设置属性栏或泊坞窗中的步长值来改变其调和数,如图3-44所示中将步长值设置为20,于是原来的两个黄色螺旋线就变成了22个大小相同的黄色螺旋线，并进行群组。

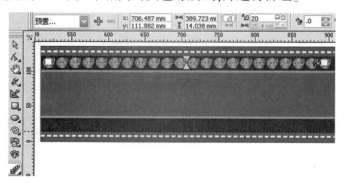

图3-44　交互式调和工具选项及参数设置

13.使用贝塞尔工具 ✎ 和形状工具 ⬕ 在相邻两个黄色螺旋线之间，添加出如图3-45所示的图形，并设置轮廓笔为黄色虚线。

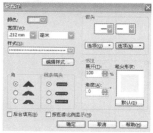

图3-45　添加黄色虚线图形

14.重复步骤11、步骤12，使用工具箱交互式调和工具将上述图形复制，并进行群组，再进行【水平翻转】\【应用再复制】图形，完成二方连续图案的背景及边饰的制作，效果如图3-46所示。

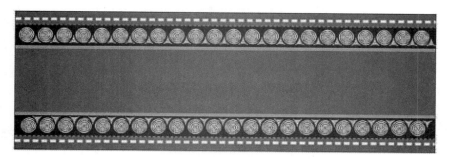

图3-46　二方连续图案的背景及边饰制作

15.使用贝塞尔工具和形状工具,在图案的背景中间用鼠标拖出如图3-47所示的叶子主题图案图形。

图3-47 主题图案图形

16.单击工具箱中的颜色对话框工具,在弹出的"标准填充方式"对话框中将填色的CMYK值为(0,60,60,40),并单击"确定"按钮,将叶子主题图案填为棕色,在调色板的上面单击右键,消除对象轮廓笔边线的填充,效果如图3-48所示。

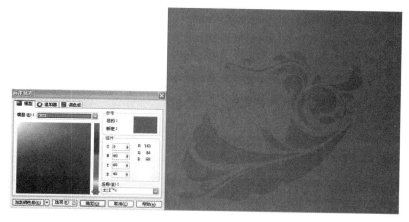

图3-48 主题叶子图案填为棕色

17.使用贝塞尔工具和形状工具,在叶子主题图案的中间用鼠标拖出如图3-49所示的叶子辅助图案图形。

图3-49 叶子辅助图案图形

18.单击工具箱中的颜色对话框工具,在弹出的"标准填充方式"对话框中将填色的CMYK值为(0,0,60,20),并单击"确定"按钮,将叶子辅助图案图形填为粉绿色,在调色板的上面单击右键,消除对象轮廓笔边线的填充,效果如图3-50所示。

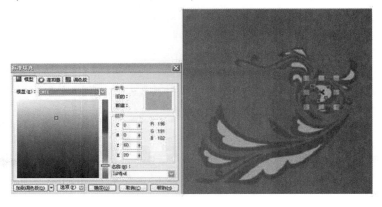

图3-50　叶子辅助图案图形填为粉绿色

19.在如图3-50所示叶子主题图案图形的不同位置,使用工具箱中的椭圆工具,按住【Ctrl】+【Shift】键画出正圆,分别拖出大小不等的小圆,并用CMYK值为(0,0,30,0)的黄色填色,形成细小的花朵;使用贝塞尔工具和形状工具,拖出花蕊图形,并单击渐变工具,在弹出的"渐变填充方式"对话框中选择自定义渐变如图3-51所示,将渐变类型选择为"线性",其中各主要控制点的位置和颜色参数分别如下:

位置:0　　　　　　　　颜色:CMYK值(0,0,0,0)
位置:22　　　　　　　　颜色:CMYK值(0,0,20,0)
位置:53　　　　　　　　颜色:CMYK值(0,0,40,0)
位置:100　　　　　　　颜色:CMYK值(10,0,80,0)

图3-51　花蕊图形渐变填充方式

20.使用贝塞尔工具和形状工具,拖出外层花瓣图形,并单击渐变工具,在弹出的"渐变填充方式"对话框中选择自定义渐变如图3-52所示,将渐变类型选择为"线性",其中各主要控制点的位置和颜色参数分别如下:

位置:0   颜色:CMYK值(0,0,0,0)

位置:100   颜色:CMYK值(0,30,0,0)

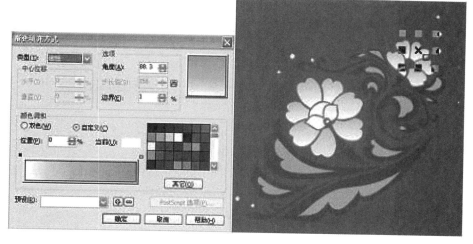

图3-52　外层花瓣图形渐变填充方式

21.继续使用贝塞尔工具和形状工具,拖出内层花瓣图形,并单击渐变工具,在弹出的"渐变填充方式"对话框中选择自定义渐变如图3-53所示,将渐变类型选择为"线性",其中各主要控制点的位置和颜色参数分别如下:

位置:0   颜色:CMYK值(0,0,0,0)

位置:29   颜色:CMYK值(0,0,20,0)

位置:53   颜色:CMYK值(0,0,40,0)

位置:100   颜色:CMYK值(10,0,80,0)

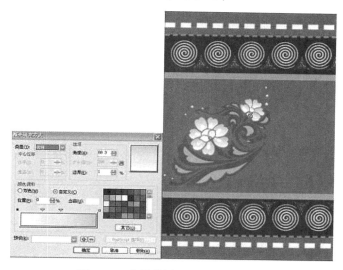

图3-53　内层花瓣图形渐变填充方式

22.重复上述步骤，完成主题花卉图案的叶子、花蕊、内外层花瓣的绘制，并将完成的主题图案单独纹样全部选择，执行菜单栏【排列】\【群组】命令将单独纹样进行群组，效果如图3-54所示。

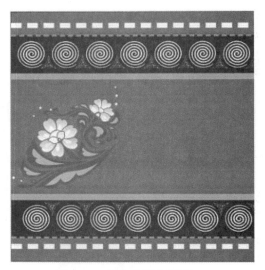

图3-54　单独纹样进行群组

23.按小键盘"+"号键，将花卉图案的单独纹样复制一次，并将该单独纹样移至二方连续背景的右侧，如图3-55所示。

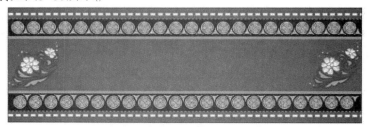

图3-55　单独纹样复制并移至右侧

24.用选取工具选取左侧花卉单独纹样，再单击工具箱交互式调和工具，在花卉单独纹样上按下鼠标不放往右拖动鼠标至右侧第二个花卉单独纹样，执行调和效果后，在两个花卉单独纹样中间增加大小相同的花卉单独纹样，增加花卉单独纹样的数量可以通过设置属性栏或泊坞窗中的步长值来改变其调和数，如图3-56所示中将步长值设置为6，于是原来的两个花卉单独纹样就变成了8个大小相同的花卉单独纹样，并进行群组。

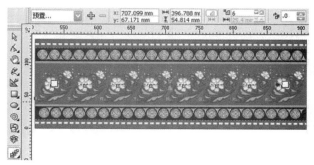

图3-56　花卉单独纹样交互式调和

25.最后执行【Ctrl】+【A】组合快捷键,将所有对象全部选择,执行菜单栏【排列】\【群组】命令将所有对象进行群组,结果如图3-57所示,这样二方连续纹样就制作完成了。

图3-57　二方连续图案

26.将步骤25二方连续纹样全部选中,在调色板的上面单击左键,消除对象填充,同时在调色板的黑色上面单击右键,将轮廓笔边线填充为黑色,则完成方二方连续纹样的正形制作;将步骤25二方连续纹样全部选中,执行【安排】\【取消群组】命令,选择除背景色块以外的所有图形(包括4条虚线),在调色板的白色上面单击左键,全部对象填充为白色,同时在调色板的上面单击右键,消除轮廓笔边线的填充,再将背景各色块选中,在调色

板的上面单击左键,消除对象填充,同时在调色板的黑色上面单击右键,将轮廓笔边线填充为黑色,则完成二方连续纹样负形制作;效果实例如图3-58所示。

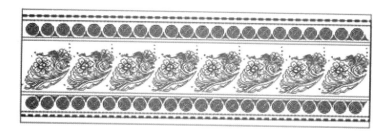

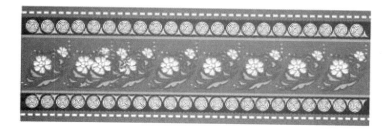

图3-58　二方连续图案的正负形及彩色稿

练习与思考

1.服饰图案在服饰设计中的作用有哪些?

2.适合纹样与连续纹样有哪些区别和联系?

3.以"吉祥如意"为寓意,设计制作一幅适合纹样。

4.以"花卉"为主题,设计制作一幅四方连续纹样。

第4章 服装面料设计应用实例

服装的外观风格特征及穿着性能归根到底是由组成它的材料的结构特征及性能所决的。对服装材料的性能与其结构间的关系,用俗语"原料是根据,结构是基础,后处理是关键。"即能充分说明织物结构特性在服装选材中的重要地位和作用。织物的结构形态特征分为机(梭)织物、针织物、无纺织物及毛皮与皮革等。

4.1 梭织物面料设计

经纬两系统(或方向)的纱线互相垂直,并按一定的规律交织而形成的织物称为机(梭)织物。

4.1.1 条纹面料设计

4.1.1.1 实例效果

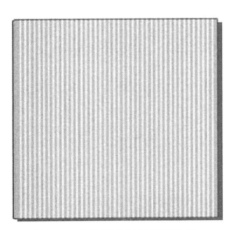

图4-1 条纹面料设计实例效果

4.1.1.2 制作方法

1.打开CorelDRAW软件,执行菜单栏中的【文件】\【新建】命令,或使用【Ctrl】+【N】组合快捷键,设定纸张大小为100mm×100mm,如图4-2所示。

图4-2 新建文件

2. 使用工具箱中的矩形工具  沿设定纸张外框拖出一个正方形，设置填充色的CMYK值为(20,0,20,0),如图4-3所示;按"确定"进行填色,如图4-4所示。

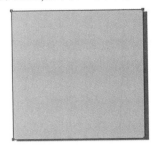

图4-3　设置填充色的CMYK　　　　图4-4　填色效果

3.使用工具箱中的矩形工具 在正方形的左侧上、下紧贴边框,拖出一个细长矩形,设置填充色为淡黄色,CMYK值为(0,0,20,0)进行填色,同时在调色板的 ⊠ 上面单击右键,消除对象轮廓笔边线的填充,如图4-5所示;按小键盘"+"号键,将淡黄色条纹复制一次,用键盘【Shift】+【→】组合键将复制的淡黄色条纹直线移至正方形的右侧,如图4-6所示。

图4-5　在正方形左侧绘制淡黄色条纹　　图4-6　复制并移动淡黄色条纹至正方形右侧

4.先用选取工具 选取左侧淡黄色条纹,再单击工具箱交互式调和工具 ,在淡黄色条纹上按下鼠标不放往右拖动鼠标至右侧淡黄色条纹,执行调和效果后,在两个淡黄色条纹中间增加大小相同的淡黄色条纹,增加淡黄色条纹的数量可以通过设置属性栏或泊坞窗中的步长值来改变其调和数,如图4-7所示中将步长值设置为40,于是原来的两个淡黄色条纹就变成了42个大小相同的淡黄色条纹,并用【Ctrl】+【G】将42个淡黄色条纹群组。

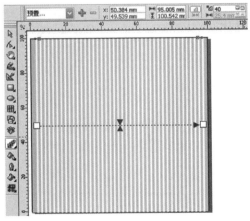

图4-7　交互式调和产生系列条纹

5.按"确定"后产生条纹的效果如图4-8所示。

6.按【Ctrl】+【A】组合快捷键,将所有对象选择,执行【Ctrl】+【G】将所有对象群组;执行菜单栏【位图】\【转换为位图】命令,弹出"转换为位图"对话框,如图4-9所示,并设置各参数。

图4-8　产生条纹的效果　　　　　图4-9　"转换为位图"对话框设置参数

7.按"确定"后原来的矢量图就变成了位图。执行菜单栏【位图】\【杂点】\【添加杂点】命令,弹出"添加杂点"对话框,如图4-10所示,并设置各参数,按"预览"键预览添加杂点效果。

8.按"确定"后,添加杂点产生的条纹面料效果如图4-11所示。

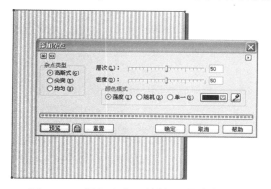

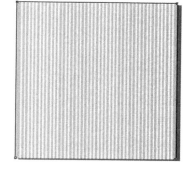

图4-10　"添加杂点"对话框设置参数　　　图4-11　添加杂点产生的条纹面料效果

9.为了使图形表面更接近真实面料效果,执行菜单栏【位图】\【模糊】\【动态模糊】命令,弹出"动态模糊"对话框,如图4-12所示,并设置各参数,按"预览"键预览动态模糊效果。

10.按"确定"后,"动态模糊"产生的条纹面料效果如图4-13所示。

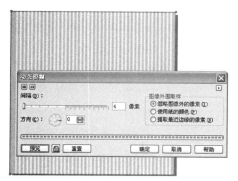

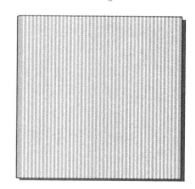

图4-12　"动态模糊"对话框设置参数　　　图4-13　"动态模糊"产生的条纹面料效果

4.1.2 方格面料设计
4.1.2.1 实例效果

图4-14 方格面料设计实例效果

4.1.2.2 制作方法

1.打开CorelDRAW软件,执行菜单栏中的【文件】\【新建】命令,或使用【Ctrl】+【N】组合快捷键,设定纸张大小为100mm×100mm,并使用【Ctrl】+【R】显示标尺,将辅助线拖至适当位置,如图4-15所示。

2.使用工具箱中的矩形工具 ▣,绘制如参数 ⊢⊣ 14.0 mm ⏐ 118.0 mm 的矩形,继续绘制参数 ⊢⊣ 4.3 mm ⏐ 118.0 mm 矩形。同时选中两个矩形,单击工具箱中的颜色对话框工具 ▣,在弹出的"标准填充方式"对话框中,将填色的CMYK值设置为(87,60,82,2),并单击"确定"按钮,将矩形填充为墨蓝色,同时在调色板的上面单击右键,消除对象轮廓笔边线的填充,效果如图4-16所示。

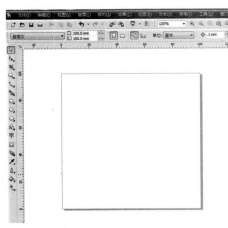

图4-15 新建文件

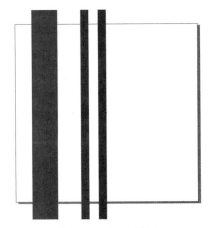

图4-16 条纹绘制

3.单击工具箱中的 ▤ 交互式透明工具,并设置参数调节,应用于"全部",如图 ⊠ 标准 ▾ 正常 ▾ ⊢—— 24 ■全部 ▾ 。交互式透明,效果如图4-17所示。

4.选中第一个矩形,使用快捷键【Ctrl】+【C】、【Ctrl】+【V】原地复制一个矩形,按住【Shift】键不放开,同时调整矩形左、右两端宽度,并填充CMYK值设置为(43,31,19,0)的蓝色。同样的方式使用交互式透明工具调节透明度,效果如图4-18所示。

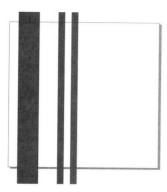

图4-17　交互式透明

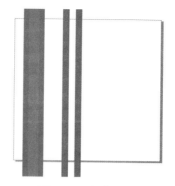

图4-18　条纹绘制

5.继续复制出一个矩形,调整参数为 ,填充为白色,同样方式调节透明度,选中白色矩形,鼠标左键点击向右拖动,同时按住【Shift】键,水平拖动到如图4-19位置,不松开鼠标左键,点击鼠标右键,水平复制出矩形后同时松开鼠标左、右键。效果如图4-20所示。

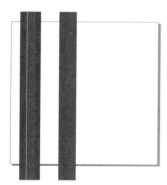

图4-19　条纹绘制

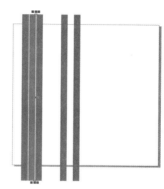

图4-20　条纹复制

6.选中第一个白色矩形,再单击工具箱中"交互式调和工具" ,点击鼠标左键不放从第一个白色矩形拖动到第二个白色矩形,执行调和,增加的数量可以通过设置属性栏或泊坞窗中的步长值来改变其调和数,将步长设置为"5" ,使用快捷键盘【Ctrl】+【G】群组经调和后的7个白色矩形,效果如图4-21所示。

7.同时选中白色矩形组合和步骤4所得矩形,执行菜单栏中的"排列"–"居中和分布"–"垂直居中对齐"命令,将其垂直居中对齐,效果如图4-22所示。

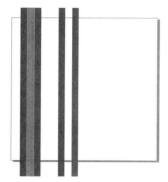

图4-21　交互式调和

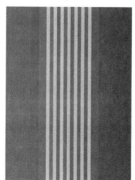

图4-22　垂直居中对齐

8.继续复制出一个矩形,调整参数为 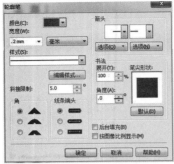 ,填充为白色,同样方式调节透明度,将描边设置为CMYK值为(87,60,82,2)的深蓝色,双击状态栏中的描边设置区域, ,弹出轮廓笔对话框,参数设置如图4-23,效果如图4-24所示。

图4-23　轮廓笔设置　　　　　　图4-24　条纹绘制

9.选中白色矩形,水平复制出一个矩形,放置在如图位置,完成单位条纹的绘制,使用快捷键盘【Ctrl】+【G】群组单位条纹,效果如图4-25所示。

10.选中单位条纹,将其移至左上方可以覆盖画布的位置,使用快捷键【Ctrl】+【D】等距离水平复制,通过菜单栏中"工具"-"选项"-"文档"-"常规"来修改再制偏移的数值,参数设置如图4-26。不断进行【Ctrl】+【D】等距离水平复制。直到覆盖整个画布,效果如图4-27、4-28所示。

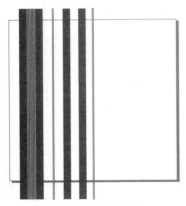

图4-25　条纹复制

图4-26　常规选项参数设置

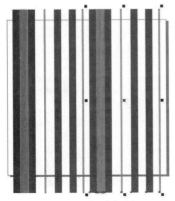

图4-27　条纹复制

图4-28　条纹复制

11.选中所以条纹，使用快捷键盘【Ctrl】+【G】群组，执行菜单栏中的"窗口"–"泊坞窗"–"变换"–"旋转"命令，将角度设置为90°，参数设置如图4-29变，点击"应用再制"，效果如图4-30所示。

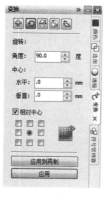

图4-29 变换参数设置

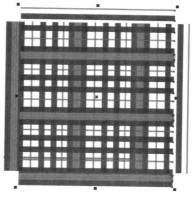

图4-30 变换再制

12.选中经旋转、再制得来的图层，点击鼠标右键，执行"顺序"–"到页面后面"命令，如图4-31，效果如图4-32所示。

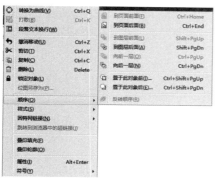

图4-31 对象顺序调整

图4-32 对象顺序调整效果

13.选中所以格子图案，使用快捷键盘【Ctrl】+【G】群组。使用工具箱中的矩形工具，紧贴画布拖出和画布大小相等的矩形，或是双击矩形工具，可快速绘制一个与页面大小相同的矩形，单击工具箱中的颜色对话框工具，在弹出的"标准填充方式"对话框中将填色设置为白色，并单击"确定"按钮，同时在调色板的上面单击右键，消除对象轮廓笔边线的填充，效果如图4-33所示。

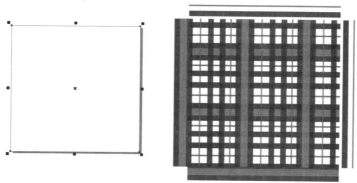

图4-33 矩形绘制

14.选中格子图案,点击菜单栏中的"效果"–"图框精致裁剪"–"放置在容器中",出现黑色箭头,点击与画布大小的相同白色正方形,将格子图案放置在正方形中,效果如图4-34所示。

15.使用快捷键盘【Ctrl】+【A】将所有对象选择,执行【Ctrl】+【G】群组所有对象。再执行菜单栏"位图"–"转化为位图"命令,弹出"转化为位图"对话框,如图4-35所示,并设置各项参数,点击"确定"按钮。

图4-34　图框精致裁剪

图4-35　位图转换

16.为表现质感,执行菜单栏中的"位图"–"杂点"–"添加杂点"命令,弹出"添加杂点"对话框,如图4-36所示,并设置各项参数,按"预览"键预览杂点效果,按"确定"完成杂点添加,完成格子面料绘制,效果如图4-37所示。

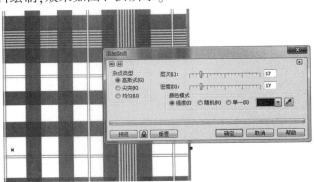

图4-36　添加杂点

图4-37　格子面料实例效果

4.1.3 牛仔面料设计

牛仔面料有很多特殊工艺处理方法,常见的有水洗、猫须、撞色线、撞钉、之字形固定线等。

4.1.3.1 实例效果

图4-38 牛仔面料设计实例效果

4.1.3.2 制作方法

1.打开CorelDRAW软件,执行菜单栏中的【文件】\【新建】命令,或使用【Ctrl】+【N】组合快捷键,设定纸张大小为100mm×100mm,如图4-39所示。

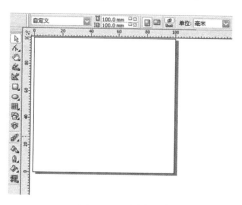

图4-39 新建文件

2.使用工具箱中的矩形工具 □ 沿设定纸张外框拖出一个正方形,单击PostScript填充对话框 ,弹出"PostScript底纹"对话框,选项及参数设置如图4-40所示。

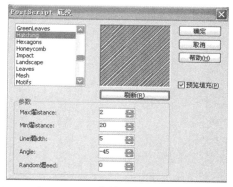

图4-40 "PostScript底纹"对话框选项及参数设置

3.按"确定"按钮,将白纸填充为斜纹,效果如图4-41所示。

图4-41 将白纸填充为斜纹

4.使用工具箱中的矩形工具 紧贴纸张外框拖出一个正方形,设置填充色为靛蓝色 CMYK值为(96,58,1,0),如图4-42所示;按"确定"进行填色,并执行【Shift】+【PgDn】组合快捷键将靛蓝色放置在斜纹的后面,作为背景色,效果如图4-43所示。

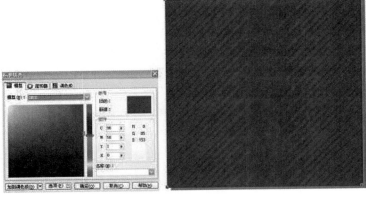

图4-42 靛蓝色CMYK值   图4-43 斜纹与靛蓝色组合效果

5.按【Ctrl】+【A】组合快捷键,将所有对象选择,执行【Ctrl】+【G】将所有对象群组;执行菜单栏【位图】\【转换为位图】命令,弹出"转换为位图"对话框,如图4-44所示,并设置各参数。

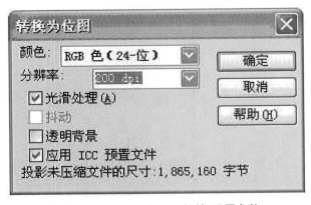

图4-44 "转换为位图"对话框设置参数

6.按"确定"后原来的矢量图就变成了位图,效果如图4-45所示。

图4-45　矢量图变成位图效果

7.执行菜单栏【位图】\【杂点】\【添加杂点】命令,弹出"添加杂点"对话框,如图4-46所示,并设置各参数,按"预览"键预览添加杂点效果。

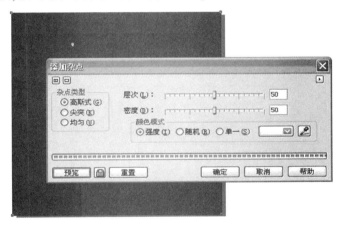

图4-46　"添加杂点"对话框设置参数

8.按"确定"后,添加杂点产生的牛仔面料效果如图4-47所示。

图4-47　添加杂点产生的牛仔面料效果

9.局部放大后,牛仔面料的斜纹效果如图4-48所示。

图4-48　牛仔面料的斜纹效果

4.1.4　草编面料设计

4.1.4.1　实例效果

图4-49　草编面料设计实例效果

4.1.4.2　制作方法

1.打开CorelDRAW软件,执行菜单栏中的【文件】\【新建】命令,或使用【Ctrl】+【N】组合快捷键,设定纸张大小为100mm×100mm,如图4-50所示。

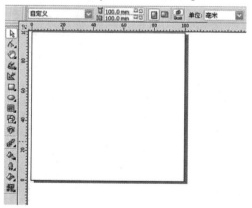

图4-50　新建文件

2.使用工具箱中的矩形工具 □ 沿设定纸张外框拖出一个正方形,单击PostScript填充对话框 ,弹出"PostScript底纹"对话框,选项及参数设置如图4-51所示。

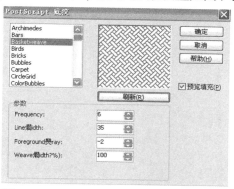

图4-51 "PostScript底纹"对话框参数设置

3.按"确定"按钮,将白纸填充为如图4-52所示的纹理。

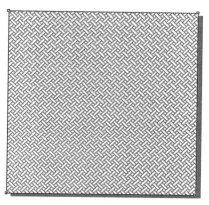

图4-52 纹理效果

4.使用工具箱中的矩形工具 □ 紧贴纸张外框拖出一个正方形,设置填充色为淡黄色CMYK值为(0,10,70,0),如图4-53所示;按"确定"进行填色,并执行【Shift】+【PgDn】组合快捷键将淡黄色放置在纹理的后面,作为背景色,效果如图4-54所示。

图4-53 填充色CMYK值设置   图4-54 淡黄色放置在纹理的后面的效果

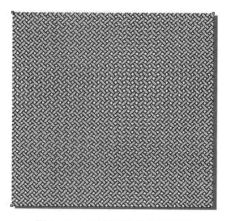

5.按【Ctrl】+【A】组合快捷键,将所有对象选择,执行【Ctrl】+【G】将所有对象群组;执行菜单栏【位图】\【转换为位图】命令,弹出"转换为位图"对话框,如图4-55所示,并设置各参数。

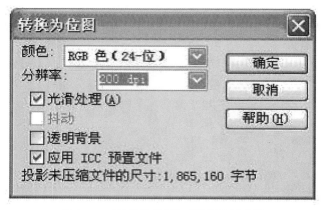

图4-55 "转换为位图"对话框设置参数

6.按"确定"后原来的矢量图就变成了位图,效果如图4-56所示。

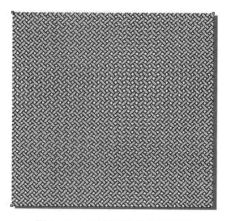

图4-56 矢量图变成位图效果

7.执行菜单栏【位图】\【扭曲】\【风】命令,弹出"风"对话框,如图4-57所示,并设置各参数,按"预览"键预览添加杂点效果。

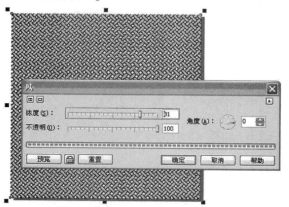

图4-57 "风"对话框参数设置

8.按"确定"后,"风"所产生的草编面料效果如图4-58所示。

图4-58　"风"所产生的草编面料效果

4.2　针织物面料设计

　　针织物形成方式不同于机织物,它根据生产方式的不同,可分为纬编针织物和经编针织物。纬编针织物是将纱线由纬向喂入针织机的工作针上,每根纱线按照一定的顺序在一个横列中形成线圈编织而成;经编针织物是采用一组或几组平行排列的经纱于经向同时喂入针织机的所有工作针上进行成圈而形成的针织物,每根纱线在各个线圈横列中形成一个线圈。不论哪种针织物,其线圈都是最基本的组成单元。

　　毛衫或针织衫是由横向或纵向线圈组成,表现这种面料的质感主要抓住其线圈的走向来表现,分纵向和横向走向肌理进行示范。

4.2.1　纵向肌理效果的表现

4.2.1.1　实例效果

图4-59　针织物面料设计实例效果(纵向肌理效果的表现)

4.2.1.2　制作方法

　　1.打开CorelDRAW软件,执行菜单栏中的【文件】\【新建】命令,或使用【Ctrl】+【N】组合快捷键,设定纸张大小为100mm×100mm,如图4-60所示。

95

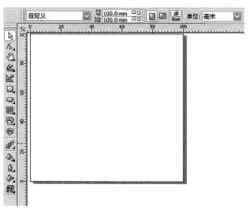

图4-60 新建文件

2.单击工具箱中的贝塞尔工具 ✎,画一个中空的S形的封闭曲线(也可输入一个适合的字母S如图4-61所示),形状可根据毛织面料纹理的粗细调整宽窄如图4-62所示;按小键盘"+"键将S形复制一次并缩小。

图4-61 字形及大小设置

图4-62 绘制S形的封闭曲线

3.大S形封闭曲线填色为CMYK(0,20,60,20);小S形封闭曲线填色为CMYK(0,5,15,0)如图4-63所示。

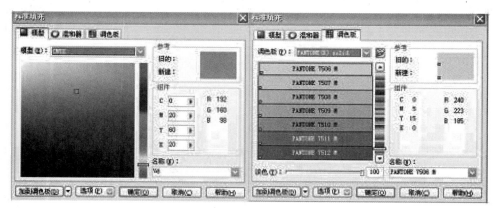

图4-63 S形封闭曲线填色CMYK值设置

4.先用选取工具 选取大S形封闭曲线,再单击工具箱交互式调和工具 ,在大S形封闭曲线上按下鼠标不放往小S形封闭曲线拖动鼠标,执行调和效果后,在两个深浅不同色块中间增加大小不同、颜色不同的S形,增加的数量可以通过设置属性栏或泊坞窗中的步长值来改变其调和数,如图4-64所示中将步长值设置为20,于是形成了立体感的S形,步长值越大,色彩过渡越自然,并用【Ctrl】+【G】将立体感的S图形群组。

图4-64　立体感的S形

5.使用工具箱挑选工具 选中立体感的S形,并移到正方形的左上角,按小键盘"+"键将立体感的S形复制一次,并用【Shift】+【↓】将复制的立体感的S形直线移到正方形的右下角,如图4-65所示。

图4-65　复制移动立体感的S形

6.先用选取工具 选取上方立体感的S形,再单击工具箱交互式调和工具 ,在上方立体感的S形上按下鼠标不放往下方立体感的S形拖动鼠标,执行调和,增加的数量可以通过设置属性栏或泊坞窗中的步长值来改变其调和数,如图4-66所示中将步长值设置为23,于是形成了首尾相连的立体感的S形,并用【Ctrl】+【G】将复制的立体感的S图形群组。

图4-66　交互式调和复制立体感的S形

7.反复按小键盘"+"键将立体感的S形复制若干次，并向右直线移动，直到铺满整个正方形为止，如图4-67所示。

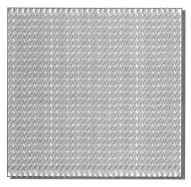

图4-67　复制、水平移动立体感的S形

8.使用工具箱中的矩形工具 ▢ 紧贴纸张外框拖出一个正方形，设置填充色为深咖啡色CMYK值为(0,20,40,60)，如图4-68所示；按"确定"进行填色，并执行【Shift】+【PgDn】组合快捷键将深咖啡色放置在立体感的S形的后面，作为背景色，效果如图4-69所示。

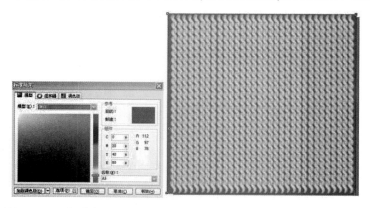

图4-68　深咖啡色CMYK值设置　　　　图4-69　背景色填色

9.按【Ctrl】+【A】组合快捷键，将所有对象选择，执行【Ctrl】+【G】将所有对象群组；执行菜单栏【位图】\【转换为位图】命令，弹出"转换为位图"对话框，如图4-70所示，并设置各参数。

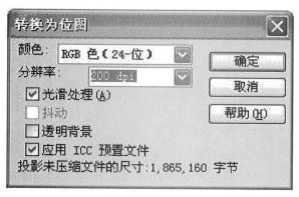

图4-70　"转换为位图"对话框设置参数

10.按"确定"后原来的矢量图就变成了位图,效果如图4-71所示。

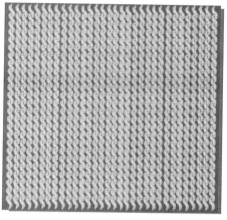

图4-71 矢量图就变成了位图

11.执行菜单栏【位图】\【杂点】\【添加杂点】命令,弹出"添加杂点"对话框,如图4-72所示,并设置各参数,按"预览"键预览添加杂点效果。

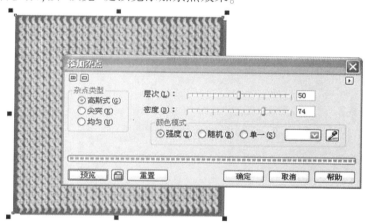

图4-72 "添加杂点"对话框设置参数

12.按"确定"后,添加杂点后针织面料的效果如图4-73所示。

图4-73 添加杂点后针织面料效果

13.为了增加针织面料的毛绒感,执行菜单栏【位图】\【扭曲】\【风】命令,弹出"风"对话框,如图4-74所示,并设置各参数,按"预览"键预览添加杂点效果。

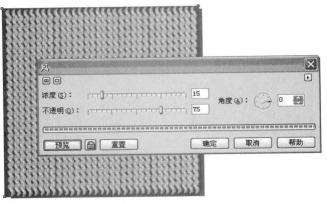

图4-74　"风"参数设置

14.按"确定"后,在添加杂点针织面料表面增加了面料的毛绒感,效果如图4-75所示。

图4-75　制作完成的纵向肌理针织面料效果

4.2.2　横向肌理效果的表现

4.2.2.1　实例效果

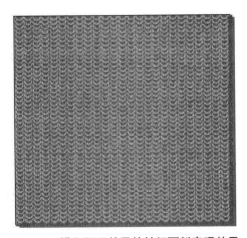

图4-76　横向肌理效果的针织面料表现效果

4.2.2.2　制作方法

1.打开CorelDRAW软件,执行菜单栏中的【文件】\【新建】命令,或使用【Ctrl】+【N】组合快捷键,设定纸张大小为100mm×100mm,如图4-77所示。

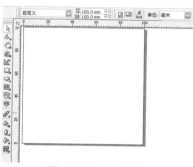

图4-77　新建文件

2.使用工具箱中的椭圆工具 ⬭ ,按住【Ctrl】+【Shift】键画出正圆,按小键盘"+"键将圆复制一次,并进行同心圆缩小;将两个同心圆进行【排列】\【结合】结合成圆环;使用工具箱中的矩形工具 ▢ 拖出矩形,用【修剪】工具将圆环进行修剪为半圆环;同样方法完成小半圆环的制作,如图4-78所示。

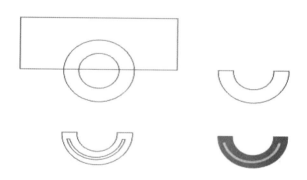

图4-78　制作大、小半圆环

3.设置大半圆环填色的CMYK值(60,60,0,0),如图4-79所示;小半圆环填色的CMYK值(20,20,0,0),如图4-80所示。

图4-79　大半圆环填色的CMYK值　　　　图4-80　小半圆环填色的CMYK值

4.先用选取工具 ![] 选取大半圆环,再单击工具箱交互式调和工具 ![] ,在大半圆环上按下鼠标不放往小半圆环拖动鼠标,执行调和,增加的数量可以通过设置属性栏或泊坞窗中的步长值来改变其调和数,如图4-81所示中将步长值设置为20,通过调和形成立体感的半圆环,并用【Ctrl】+【G】将立体感的半圆环群组。

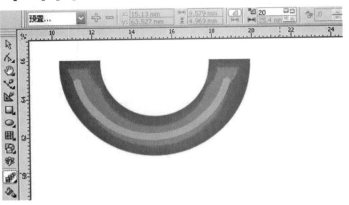

图4-81　通过调和形成立体感的半圆环

5.用上节步骤5至步骤7的方法完成立体感半圆环的复制、移动,使其满铺整个正方形内,如图4-82所示。

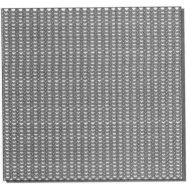

图4-82　完成立体感半圆环的复制、移动

6.使用工具箱中的矩形工具 ![] 紧贴纸张外框拖出一个正方形,设置填充色为蓝灰色CMYK值为(60,60,0,0),如图4-83所示;按"确定"进行填色,并执行【Shift】+【PgDn】组合快捷键将蓝灰色放置在立体感半圆环的后面,作为背景色,效果如图4-84所示。

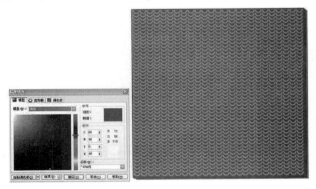

图4-83　蓝灰色CMYK值设置　　图4-84　背景色填色

9.按【Ctrl】+【A】组合快捷键,将所有对象选择,执行【Ctrl】+【G】将所有对象群组;执行菜单栏【位图】\【转换为位图】命令,弹出"转换为位图"对话框,如图4-85所示,并设置各参数。

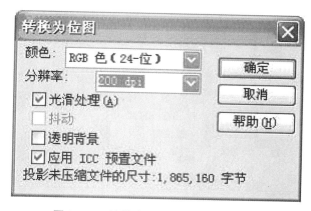

图4-85 "转换为位图"对话框设置参数

10.按"确定"后原来的矢量图就变成了位图,效果如图4-86所示。

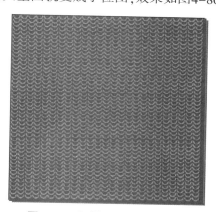

图4-86 矢量图就变成了位图

11.执行菜单栏【位图】\【杂点】\【添加杂点】命令,弹出"添加杂点"对话框,如图4-87所示,并设置各参数,按"预览"键预览添加杂点效果。

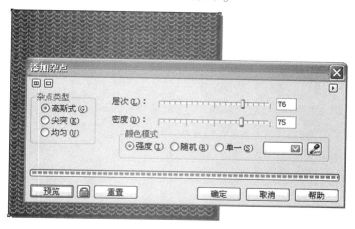

图4-87 "添加杂点"对话框设置参数

12.按"确定"后,添加杂点后针织面料的效果如图4-88所示。

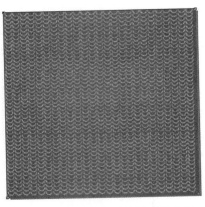

图4-88 添加杂点后针织面料效果

13.为了增加针织面料的毛绒感,执行菜单栏【位图】\【扭曲】\【风】命令,弹出"风"对话框,如图4-89所示,并设置各参数,按"预览"键预览添加杂点效果。

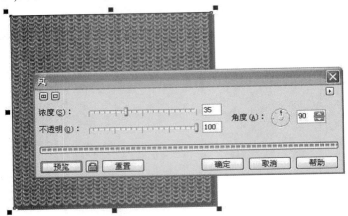

图4-89 "风"参数设置

14.按"确定"后,在添加杂点针织面料的表面增加了面料的毛绒感,效果如图4-90所示。

图4-90 制作完成的横向肌理针织面料效果

4.2.3　提花效果的表现

4.2.3.1　实例效果

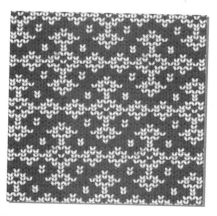

图4-91　制作完成的提花效果针织面料效果

4.2.3.2　制作方法

1.打开CorelDraw软件,执行菜单栏中的【文件】\【新建】命令,或使用【Ctrl】+【N】组合快捷键,设定纸张大小为100mm×100mm,并使用【Ctrl】+【R】显示标尺,将辅助线拖至适当位置,如图4-92所示。

2.使用工具箱中的矩形工具 ▢ ,紧贴画布拖出和画布大小相等的矩形,或是双击矩形工具,可快速绘制一个与页面大小相同的矩形,单击工具箱中的颜色对话框工具 ■ ,在弹出的"标准填充方式"对话框中将填色设置为黑色,并单击"确定"按钮,将图案背景填充为浅粉色,同时在调色板的上面 ⊠ 单击右键,消除对象轮廓笔边线的填充,效果如图4-93所示。

3.单击工具箱中的贝塞尔工具 ✎ ,大致画出印花单位图形,选择形状工具 ⟍ 调整使轮廓线条到圆顺的位置,如图4-94所示。

4.鼠标框选针织图形,并单击渐变工具 ▨ ,在弹出的"渐变填充方式"对话框中,将渐变类型选择为"射线",颜色为从"CMYK值(29,100,97,1)深红色"到"CMYK值(1,100,100,0)朱红色",其各项参数设置如图4-95所示,同时在调色板的上面 ⊠ 单击右键,消除对象轮廓笔边线的填充.然后执行菜单栏【排列】\【群组】命令进行群组,或使用快捷键盘【Ctrl】+【G】群组单位图形,渐变填充效果如图4-96所示。

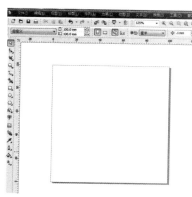

图4-92　新建文件

图4-93　背景填色设置为黑色

图4-94　针织图案绘制

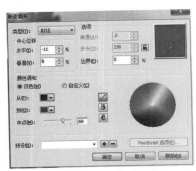

图4-95　渐变填充设置

图4-96　渐变填充效果

5.选中已群组的针织图形,鼠标左键点击向下拖动,同时按住【Shift】键,垂直拖动到画布以下位置,不松开鼠标左键,点击鼠标右键,垂直复制图形后同时松开鼠标左、右键。效果如图4-97所示。

6.选中画布上端的针织图形,再单击工具箱中"交互式调和工具" ,点击鼠标左键不放从上端的针织图形拖动到下端针织图形,执行调和,增加的数量可以通过设置属性栏或泊坞窗中的步长值来改变其调和数 ⌘ 17 ▲▼ 。使用快捷键盘【Ctrl】+【G】群组一排针织图行,效果如图4-98、4-99所示。

图4-97　垂直复制

图4-98　交互式调和

图4-99　交互式调和效果

7.选中一排针织图形,使用快捷键【Ctrl】+【D】等距离水平复制,如图4-100所示,在弹出的"再制偏移"对话框中,将"垂直偏移"设置为"0",水平距离设置为针织图形宽度,或通过菜单栏中"工具"-"选项"-"文档"-"常规"来修改再制偏移的数值。不断进行【Ctrl】+【D】等距离水平复制。直到覆盖整个画布,效果如图4-101所示。

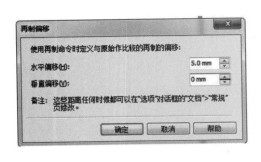

图4-100　再制偏移参数

图4-101　再制偏移

8.选中已做好的针织图形，并鼠标右键“取消全部群组”，使每一个单位针织图形独立，如图4–102所示。

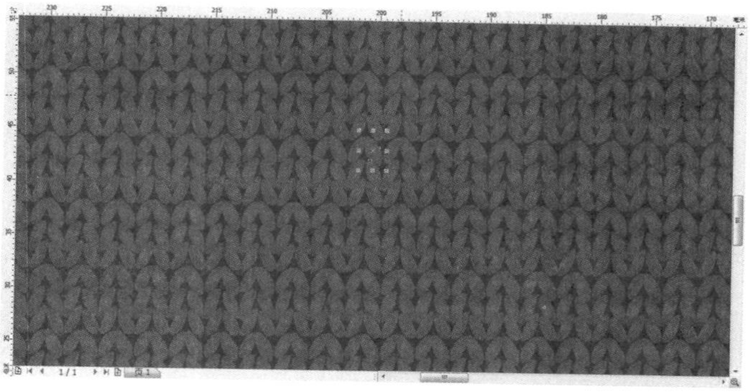

图4–102　取消全部群组

9.为单位针织花型填色，选中一个针织图形，单击渐变工具，在弹出的“渐变填充方式”对话框中，将渐变类型选择为“射线”，颜色为从从“30%黑”到“白色”的射线渐变，其各项参数设置如图4–104所示。继续填充其他针织花型，直到构成如图4–105图案。

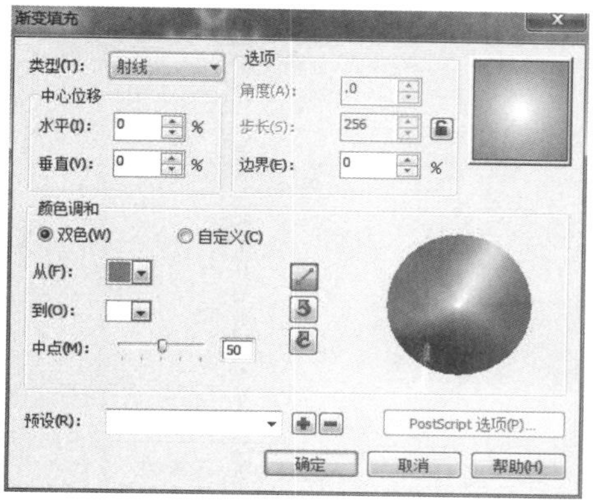

图4–103　渐变填充参数

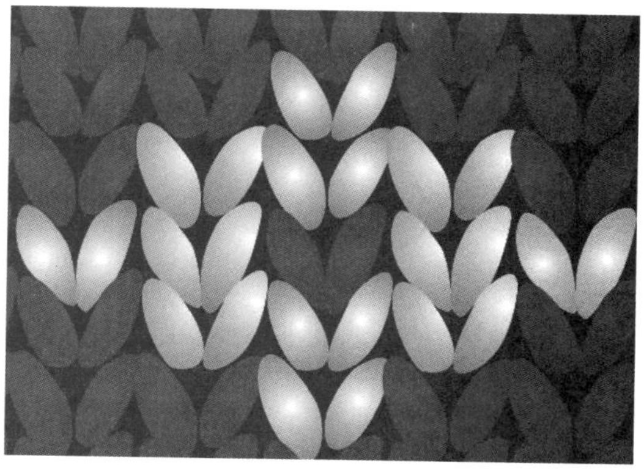

图4–104　渐变填充

10.继续完成单位针织花型填色，如图4–105、4–106所示。找到连续图案的单位图形，删除多余部分，并使用快捷键盘【Ctrl】+【G】群组单位针织花型，如图4–107所示。

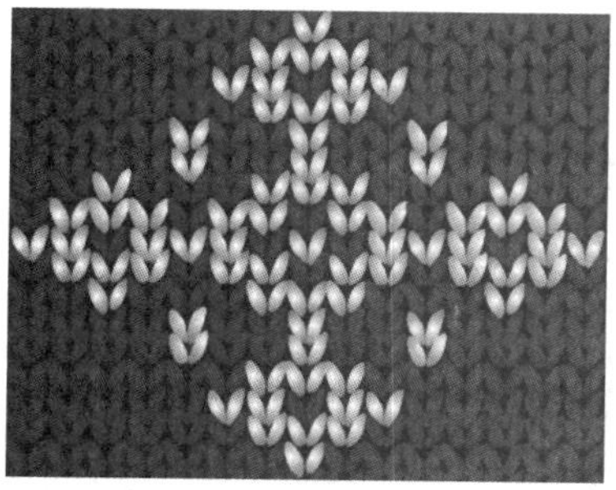

图4–105　单位针织花型填色

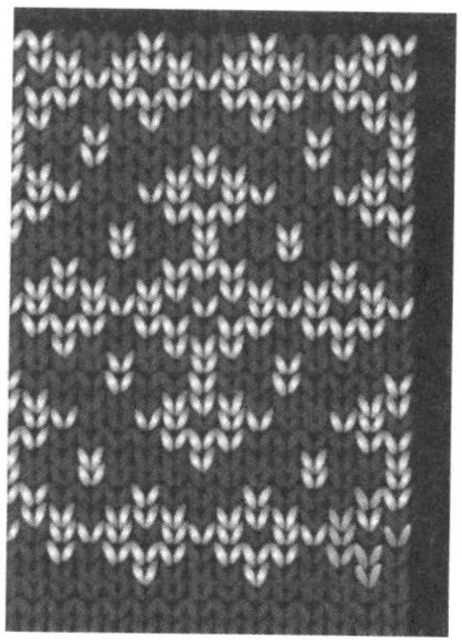

图4–106　单位针织花型填色

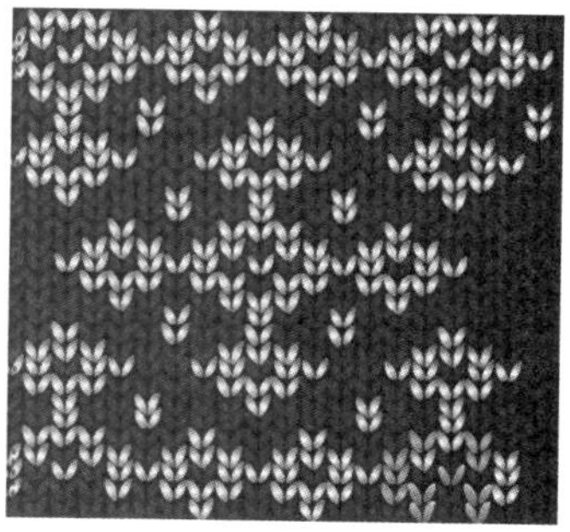

图4–107　删除多余部分的单位针织花

11.选中单位针织花型,将其移至左上方可以覆盖画布的位置,如图4-108所示,使用快捷键【Ctrl】+【D】等距离水平复制,通过菜单栏中"工具"-"选项"-"文档"-"常规"来修改再制偏移的数值,水平移动距离和单位花型宽度 44.921 mm 50.475 mm 数值相等,参数设置如图4-108所示。不断进行【Ctrl】+【D】等距离水平复制。直到覆盖整个画布,效果如图4-109所示。

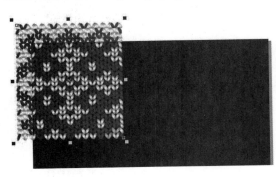

图4-108　再制偏移参数

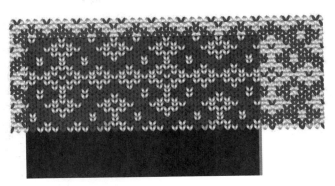

图4-109　再制偏移

12.继续选中左上角单位针织花型,鼠标左键点击向下拖动,同时按住【Shift】键,垂直拖动到下方,不松开鼠标左键,点击鼠标右键,垂直复制图形后同时松开鼠标左、右键,使用键盘上的箭头"↑""↓"调整位置,如图4-110所示。继续使用快捷键【Ctrl】+【D】等距离水平复制,直到覆盖整个画布,效果如图4-111所示。

图4-110　垂直复制　　　　　　　　　　图4-111　再制偏移

13.将针织图形移至画布以外,使用快捷键盘【Ctrl】+【G】群组。点击菜单栏中的"效果"-"图框精致裁剪"-"放置在容器中",如图4-112所示。出现黑色箭头,点击与画布大小的相同黑色正方形,将针织图案放置在正方形中,效果如图4-113所示。

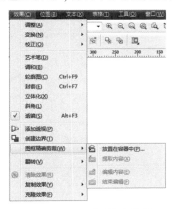

图4-112　图框精致裁剪　　　　　　　　图4-113　图框精致裁剪

14.使用快捷键盘【Ctrl】+【A】将所有对象选择,执行【Ctrl】+【G】群组所有对象。再执行菜单栏"位图"-"转化为位图"命令,弹出"转化为位图"对话框,如图4-114所示,并设置各项参数,点击"确定"按钮。

图4-114　位图转换

15.执行菜单栏中的"位图"-"杂点"-"添加杂点"命令,弹出"添加杂点"对话框,如图4-115所示,并设置各项参数,按"预览"键预览杂点效果,按"确定"完成杂点添加。效果如图4-116所示。

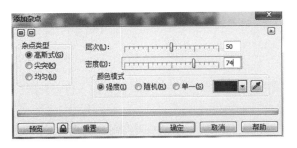

图4-115　添加杂点设置　　　　　　　　图4-116　添加杂点效果

16.为了增加曾面料的毛绒感,执行菜单栏中的"位图"-"扭曲"-"风吹效果"命令,弹出"风吹效果"对话框,如图4-117所示,并设置各项参数,按"预览"键预览效果,按"确定"完成质感添加。效果如图4-118所示。

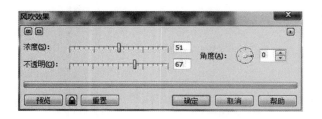

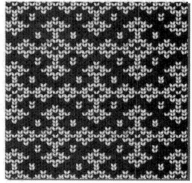

图4-117　风吹效果参数设置　　　　图4-118　针织面料实例效果

4.3　印花面料设计

印花面料是用染料调制成色浆直接印在白色或浅色织物上形成花纹图案,工艺简单,成本低,应用最多。通常的印制方法有平网印花、圆网印花、转移印花等。

4.3.1　实例效果

图4-119　印花面料实例效果

4.3.2　制作方法

1.打开CorelDraw软件,执行菜单栏中的【文件】\【新建】命令,或使用【Ctrl】+【N】组合快捷键,设定纸张大小为100mm×100mm,并使用【Ctrl】+【R】显示标尺,将辅助线拖至适当位置,如图4-120所示。

2.单击工具箱中的贝塞尔工具 ✎ ,大致画出印花单位图形,选择形状工具 ⚒ 调整使轮廓线条到圆顺的位置,如图4-121所示。

图4-120　新建文件

图4-121　印花单位图形绘制

3.继续使用工具箱中的贝塞尔工具 ，绘制单位印花图形中的其他图案，选择形状
工具 调整使轮廓线条到圆顺的位置，如图4-122、4-123所示。

图4-122　印花单位图形绘制

图4-123　印花单位图形绘制

4.使用工具箱中的矩形工具 ，紧贴画布拖出和画布大小相等的矩形，或是双击矩
形工具，可快速绘制一个与页面大小相同的矩形，单击工具箱中的颜色对话框工具 ，
在弹出的"标准填充方式"对话框中将填色的CMYK值设置为(4,9,13,0)，并单击"确定"按
钮，将图案背景填充为浅粉色，同时在调色板的上面单击右键，消除对象轮廓笔边线的填
充，效果如图4-124所示。

5.继续选择单位图形中的每一个图案，分别单击工具箱中的颜色对话框工具 为
其填色，效果如图4-125所示。

火烈鸟身体：CMYK值(2,88,5,0)玫红色、CMYK值(3,59,4,0)粉色；CMYK值(5,51,90,0)橙色；
火烈鸟嘴部：CMYK值(97,75,42,9)藏青色、白色；
树叶：CMYK值(77,56,93,30)深绿色、CMYK值(27,13,90,0)浅绿色。

图4-124　背景填充为浅粉色

图4-125　印花分别填色

6.使用【Shift】连续选择树叶叶脉、火烈鸟腿部等线条，使用快捷键【F12】，在弹出的"轮廓笔"对话框中将"宽度"设置为1.00mm，将"线条端头"设置为两端圆形，点击"确定"按钮，参数设置如图4-126所示，效果如图4-127所示。

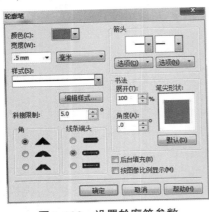

图4-126　设置轮廓笔参数　　　　图4-127　印花单位图形绘制

7.将除背景外的上述图形全部选中，作为整个单位图形，执行菜单栏【排列】\【群组】命令进行群组，或使用快捷键盘【Ctrl】+【G】群组单位图形，如图4-128所示。

8.将辅助线拖至适当位置，使其紧贴单位图形的四周，如图4-129所示。

图4-128　群组印花单位图形　　　　图4-129　拖出辅助线

9.使用【Shift】连续选择四条辅助线并复制多条，调整使得间距相同，如图4-130所示。

10.使用选择工具选取单位图案，进行两次复制，分别置于上、下两个参考线框中，如图4-131，连续多选图中的三个，再进行复制，放置在如图4-132所示的位置。

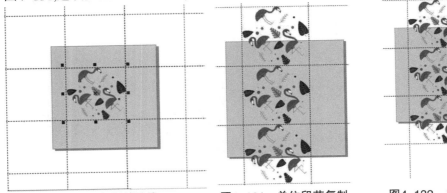

图4-130　复制辅助线　　　　图4-131　单位印花复制　　　　图4-132　单位印花复制

11.继续复制三个单位图案,直到使印花铺满整个正方形内,如图4-133所示。

12.单击工具箱内的裁剪工具 ![] 选画布,双击确认裁剪,完成制作天鹅印花面料,如图4-134所示。

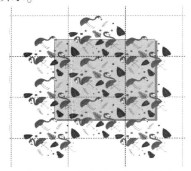

图4-133　印花单位图形绘制

图4-134　裁剪画布

13.使用快捷键盘【Ctrl】+【A】将所有对象选择,执行【Ctrl】+【G】群组所有对象。再执行菜单栏"位图"-"转化为位图"命令,弹出"转化为位图"对话框,如图4-135所示,并设置各项参数,点击"确定"按钮。完成印花面料的绘制,效果如图4-136所示。

图4-135　位图转化

图4-136　印花面料实例效果

4.4　蕾丝面料设计

蕾丝面料的用途非常的广,可以覆盖全纺织行业,所有纺织品,都能够加入一些漂亮的蕾丝元素。蕾丝面料分为有弹蕾丝面料和无弹蕾丝面料,统称为花边面料。蕾丝面料因料质地轻薄而通透,具有优雅而神秘的艺术效果,被广泛的运用于女性的贴身衣物。

4.4.1　实例效果

图4-137　蕾丝面料实例

4.4.2　制作方法

1.打开CorelDraw软件,执行菜单栏中的【文件】\【新建】命令,或使用【Ctrl】+【N】组合快捷键,设定纸张大小为100mm×100mm,并使用【Ctrl】+【R】显示标尺,将辅助线拖至适当位置,如图4-138所示。

2.选择贝塞尔工具 ✐ ,大致画出单位蕾丝花型,如图4-139所示。值得注意的是:所有的曲线是封闭路径或相互重叠,以便于其填色处理或用智能填色工具填色。

图4-138　新建文件

图4-139　单位蕾丝花型

3.选择形状工具 ✐ 将每个花型进行调整,使轮廓线条到圆顺的位置,如图4-140所示。

4.选择全部花型路径,单击工具箱中的手绘工具,设置对象的轮廓宽度1.0mm ⬡ 1.0 mm ▾ ,将其轮廓加粗,如图4-141所示。

图4-140　花型设置调整

图4-141　花型轮廓设置

5.继续选择单位图形中的每一个封闭花型图案,进行网眼纱面料填充。单击工具箱中的PostScript填充工具 ⬡ 1.0 mm ▾ ,弹出"PostScript底纹"对话框,选项及参数设置如图4-142所示。

6.单击"确定"按钮,得到的效果如图4-143所示。

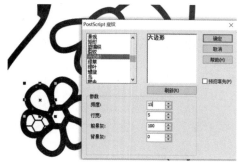

图4-142　底纹参数设置

图4-143　底纹填充效果

7.继续使用工具箱中的点线工具 ，绘制单位网状直线底纹，设置对象上网轮廓宽度为0.75mm ，点线工具绘制底纹局部效果如图4-144所示，绘制底纹整体效果如图4-145所示。

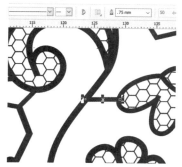

图4-144　点线工具绘制底纹局部效果

图4-145　绘制底纹整体效果

8.使用快捷键盘【Ctrl】+【A】将所有对象选择，执行【Ctrl】+【G】群组所有对象。再执行菜单栏"位图"-"转化为位图"命令，弹出"转化为位图"对话框，如图4-146所示，并设置各项参数，点击"确定"按钮。完成蕾丝面料的绘制。

9.完成的蕾丝面料绘制效果，如图4-147所示。

图4-146　位图转化

图4-147　完成的蕾丝面料绘制效果

4.5　刺绣效果面料设计

4.5.1　实例效果

图4-148　刺绣效果面料设计实例效果

4.5.2 制作方法

1.打开CorelDRAW软件,执行菜单栏中的【文件】\【新建】命令,或使用【Ctrl】+【N】组合快捷键,设定纸张大小为100mm×100mm,如图4-149所示。

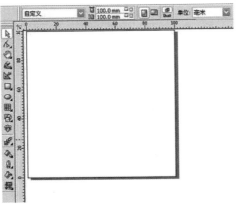

图4-149 新建文件

2.使用工具箱中的矩形工具 沿设定纸张外框拖出一个正方形,单击纹理填充对话框 ,弹出纹理填充对话框,在"底纹填充"面板中选择填充图的样式,并进行各选项及参数设置,如图4-150所示。

图4-150 "底纹填充"面板中选择填充图的样式

3.按"确定"按钮,图案填充效果如图4-151所示。

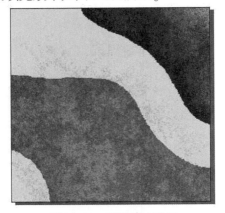

图4-151 图案填充效果

116

4.执行菜单栏【位图】\【转换为位图】命令,弹出"转换为位图"对话框,如图4-152所示,并设置各参数。

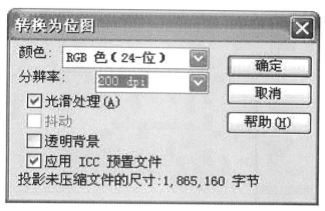

图4-152 "转换为位图"对话框设置参数

5.按"确定"后原来的矢量图就变成了位图,效果如图4-153所示。

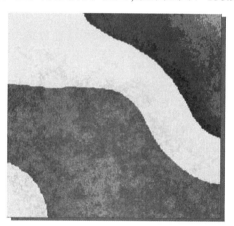

图4-153 矢量图就变成了位图

6.为了表现面料的质感,执行菜单栏【位图】\【创造性】\【织物】命令,弹出"织物"对话框,如图4-154所示,并设置各参数,按"预览"键预览"刺绣"效果。

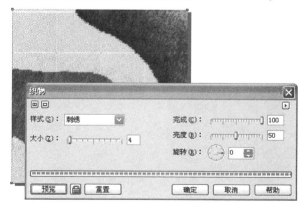

图4-154 "织物"对话框设置各参数、选项

7.按"确定"后,经"刺绣"后印花面料的效果如图4-155所示。

图4-155　经"刺绣"后印花面料的效果

练习与思考

1.服装面料的种类有哪些?各有什么特点?

2.毛织物服装面料的质感表现用哪些方法来实现？分别举例说明。

3.设计制作各种质感的面料。

第5章　服装款式设计应用实例

服装的款式即是服装构成的外观形象。服装款式设计是纸样设计的重要依据,也是服装效果图的简化、具象化的造型设计,包括轮廓线的设计和结构线的设计。

服装轮廓即服装的逆光剪影效果。它是服装款式造型的第一视觉要素,在服装款式设计时是首先要考虑的因素,其次才是分割线、领型、袖型、口袋型等内部的部件造型。

5.1　服装款式线描稿

服装款式的线描稿是指用线条来表达服装款式造型的设计稿。

5.1.1　实例效果

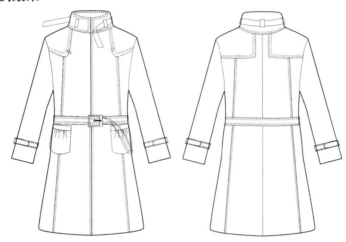

图5-1　女装外套线描稿

5.1.2　制作方法

1.打开CorelDRAW软件,执行菜单栏中的【文件】\【新建】命令,或使用【Ctrl】+【N】组合快捷键,设定纸张大小为200mm×200mm,如图5-2所示。

2.使用贝塞尔工具 和形状工具 绘制出如图5-3所示的立领款式。值得注意的是:所有的曲线是封闭路径或相互重叠,以便于其填色处理或用智能填色工具填色。

图5-2　新建文件　　　　　　　　　　图5-3　领子的绘制

3.继续使用贝塞尔工具 ✎ 和形状工具 ✎ 绘制出如图5-4所示的衣身款式的外轮廓线。

4.继续使用贝塞尔工具 ✎ 和形状工具 ✎ 绘制出如图5-5所示的衣身、袖子的结构线、分割线。

图5-4　衣身外轮廓线的绘制　　　图5-5　衣身、袖子的结构线、分割线绘制

5.单击工具箱手绘工具 ✎ ,在腰省线、肩拼片等位置画出若干条缉明线,使缉明线处于选择状态,按【F12】键,弹出"轮廓笔"对话框,或者单击工具箱中的轮廓笔对话框工具,选项及参数设置如图5-6所示。

6.使用贝塞尔工具 ✎ 和形状工具 ✎ 绘制出如图5-7所示的衣身下摆、袖子袖口的装饰缝线及明线线迹。

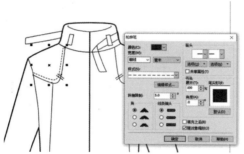

图5-6　缉明线设置为虚线　　　　图5-7　衣身下摆、袖子袖口的装饰缝线的绘制

7.按照上述步骤,使用贝塞尔工具 ✎ 和形状工具 ✎ 绘制出如图5-9所示的女外套背面款式图。

8.完成的女外套款式设计线描稿如图5-9所示。

图5-8　女外套背面款式图　　　　图5-9　完成的女外套款式设计线描稿

5.2 服装款式面料稿

服装款式面料稿是指用面料填充+线条+阴影的方法来表达服装款式造型的设计稿。

5.2.1 实例效果

图5-10　女外套面料稿

5.2.2 纯色肌理面料填充方法

1.执行菜单栏【文件】\【导入】命令，或按【Ctrl】+【I】组合快捷键，弹出【导入】对话框，在其中选择上节制作的女外套款式设计线描稿图片，然后单击【导入】按钮，将女外套款式设计线描稿导入到页面中来，并适当调整图片大小，如图5-11所示。

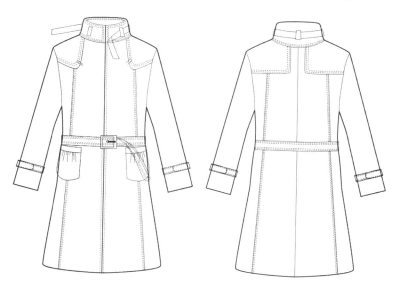

图5-11　导入女外套款式设计线描稿

121

2.执行编辑菜单/符号/符号管理器,打开符号管理器泊坞窗;在符号管理器泊坞窗中找到本地符号/CorelDRAW图库/面料图库/纯色肌理面料库,打开纯色肌理面料库,如图5-12所示。

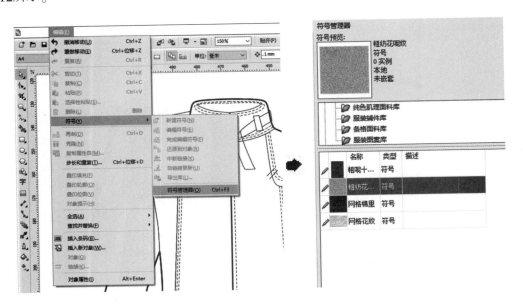

图5-12　纯色肌理面料库的运用步骤1

3.在纯色肌理面料图库中找到所需的三种面料符号,选择并将其拖入衣身所在的界面上;执行编辑菜单/符号/还原到对象,或者选中面料符号右击出现对话框选择还原到对象,将所选择三种面料符号依次转换为图形对象,如图5-13所示。

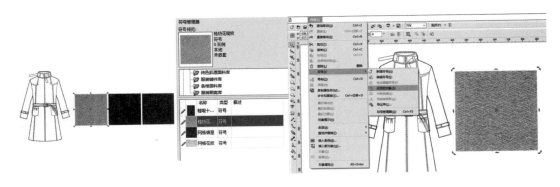

图5-13　纯色肌理面料库的运用步骤2

4.单击工具箱中的 ▨ 挑选工具左键拖动右击复制右前片,右击工具箱中 ⊠ 无轮廓去边线,调整填充面料大小使之足以覆盖右前片,选中需要填充的面料,选择菜单栏【效果】中的【图框精确裁剪】工具,执行【置于图文框内部】,出现箭头后,对准需要填充的右前片部位单击左键,将面料填充至右前片部位,如图5-14所示。

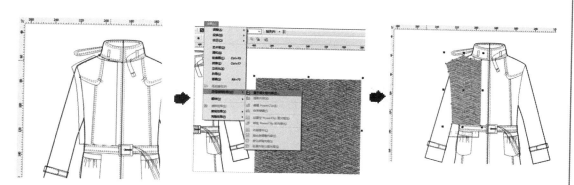

图5-14　填充面料

5.在填充面料的左前片处于被选择的状态,选择工具箱中的 ⬚ 挑选工具右击执行顺序/置于此对象前,将已填充面料的右前衣片放置在无填充的右前片上,单击工具箱中形状工具 ⬚ 调整填充面料左前片的大小、位置,并注意适当的留白,如图5-15所示。

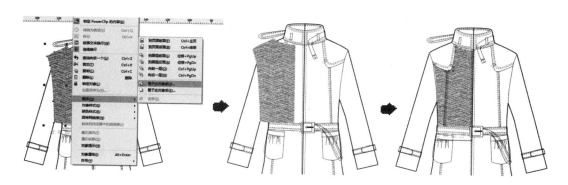

图5-15　调整面料位置

6.使用工具箱中的 ⬚ 挑选工具与Ctrl键结合,水平复制填充面料的左前片,并在复制的左前片上右击,出现对话框,执行顺序/置于此对象前,将已填充面料的左前衣片放置在无填充的左前片上,如图5-16所示。

图5-16　填充面料

7.单击工具箱中的 ⬚ 挑选工具左键拖动右击复制右前片,右击工具箱中⬚ 无轮廓去边线,调整填充面料大小使之足以覆盖右袖片,选择工具箱中的 ⬚ 挑选工具将面料右键拖至需要填充的右袖片部位,出现对话框,执行图框精确裁剪内部;使用工具箱中的挑选工具 ⬚ 在填充面料的右袖片上右击,出现对话框,执行顺序/置于此对象前,将已填充面料的右袖片放置在无填充的右袖片上,调整大小、位置并适当留白;使用工具箱中的挑选工具 ⬚ 与Ctrl键结合,水平复制左袖片,左袖片操作方法同右袖,如图5-17所示。

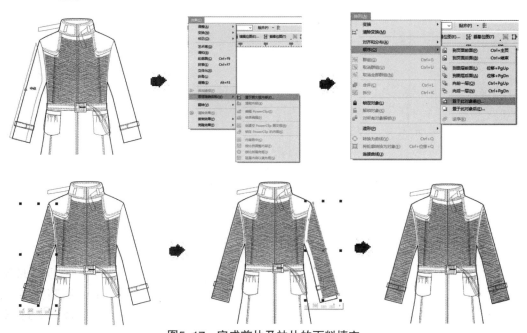

图5-17　完成前片及袖片的面料填充

8.其他部位的面料填充方法同前片和袖片的,如图5-18所示。

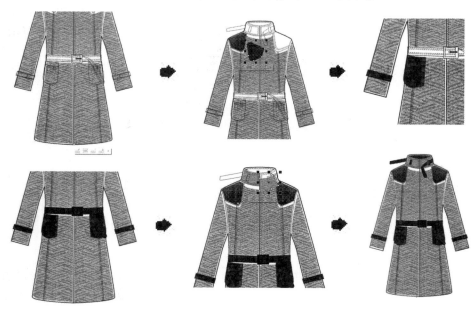

图5-18　面料填充步骤

9.纯色肌理面料填充完成效果,如图5-19所示。

图5-19　纯色肌理面料填充完成效果

5.2.3　服装款式图明暗的处理

明暗是为了具体地表现对象的基本形态及变化规律所用的基本手段之一,明暗现象的产生,是光线作用于物体的结果。明暗层次的变化一般分为亮部、中间色、明暗交界线、反光和投影,服装款式图的明暗处理从面料明暗及衣纹、线条明暗和款式图阴影这三个方面进行绘制说明。

服装款式图主要是利用面料的明暗及衣身的衣纹褶皱来表现服装的立体效果。

1.选中外套右前片部分,选择菜单栏【效果】/【图框精确裁剪】/【编辑内容】,使用工具箱中 ⚒ 透明度工具,单击需要改变明暗的外套右前片,由下往上拉出,如图5-20所示。

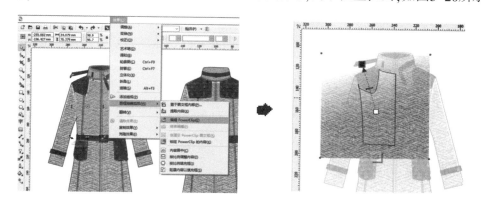

图5-20　面料明暗的处理

2.使用工具箱中 ✎ 贝塞尔工具绘制衣身的衣纹,单击形状工具调整衣纹形状并放置在衣身合适位置,填充颜色并右击工具箱中 ⊠ 无轮廓去边线,单击工具箱中的 🔲 交互式透明工具调整衣纹的明暗,执行效果菜单/图框精确裁剪/结束内容,如图5-21所示。

服装款式设计应用实例

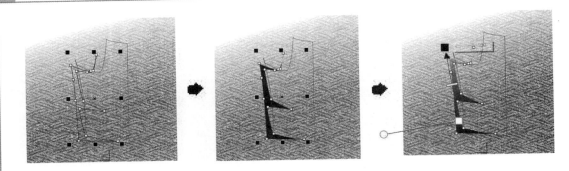

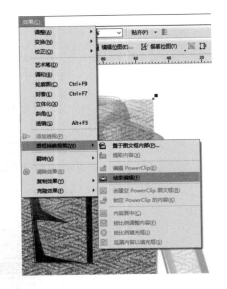

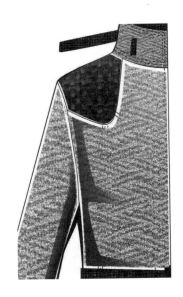

图5-21　面料衣纹的处理

3.使用工具箱中的 挑选工具选中处理好明暗效果的面料,执行效果菜单/图框精确裁剪/编辑内容,复制衣纹,右击出现对话框选择结束编辑,单击工具箱中的 挑选工具选中左衣身未处理好明暗效果的面料,执行效果菜单/图框精确裁剪/编辑内容,将复制的衣纹粘贴在左侧面料编辑界面,点击 水平镜像转换方向放置在合适位置,单击工具箱中的 交互式透明工具根据明暗关系来调整面料及衣纹的明暗方向，完成左侧的明暗处理,如图5-22所示。

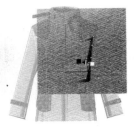

图5-22　面料明暗及衣纹的处理

4.用相同的方法完成袖片、前拼片及其他部位的明暗处理,效果如图5-23所示。

图5-23　面料明暗及衣纹处理效果

5.2.4　线条明暗虚实的处理

线条是造型的另一个基本手段，是明暗最基本的构成形式。线条的粗细、轻重和虚实的变化表现对整体的明暗起到加强的效果。

1.选择工具箱中 ![形状工具] 形状工具，使需要改变线条的右前片为选中状态，同时按下三个键Ctrl+Shift+Q，将线条与面分离，然后使用工具箱中 ![形状工具] 形状工具根据明暗关系来调整线条的粗细，袖笼深的部位以及袖下暗部的位置要适当加粗，其他部位的线条调细，注意线条的粗细、虚实变化，如图5-24所示。

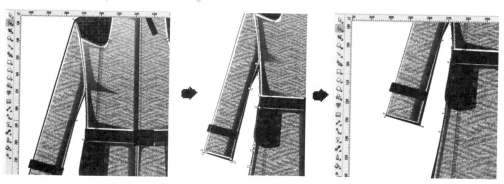

图5-24　线条明暗处理1

2.左前片的线条的明暗处理，领圈处调细，领窝、下摆和侧缝处是背光处须加粗，如图5-25所示。

图5-25　线条明暗处理2

3.前领圈、袖窿、前拼片和袖片线条的明暗处理,效果如图5-26所示。

图5-26　线条明暗处理3

4.线条明暗处理完成效果(后片方法同前片),如图5-27所示。

图5-27　线条明暗处理效果

5.2.5　款式图阴影的处理

阴影是产生立体感的重要条件。阴影可以通过物体的形状、空间定向以及它与光源的距离,直接把物体衬托出来。任何事物的立体感与深度的体现都离不开阴影。

1.处理前拼片阴影。使用工具箱中的 挑选工具选中右前拼片左键拖动右击复制,并将边线和填充都变为 深绿色,右击执行顺序/置于此对象前,将阴影放置在的右前拼片下,使用 形状工具调整阴影的大小与位置,使用工具箱中的 挑选工具水平复制右前拼片阴影,并在复制的阴影上右击,出现对话框,执行顺序/置于此对象前,将复制的阴影放置在左前拼片下,使用 形状工具调整合适,如图5-28所示。

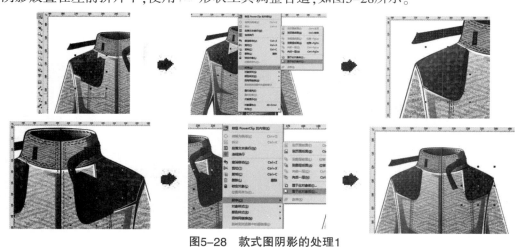

图5-28　款式图阴影的处理1

128

2.处理前衣片和后衣片阴影,效果如图5-29所示。

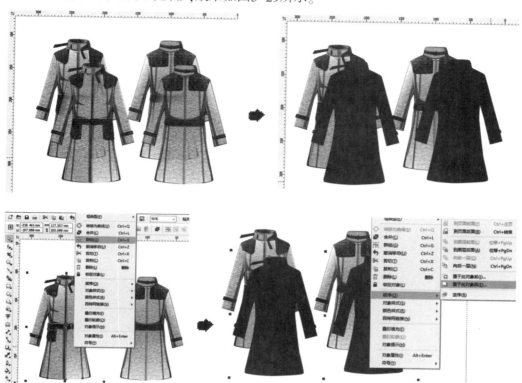

图5-29　款式图阴影的处理2

3.款式图阴影处理完成效果,如图5-30所示。

图5-30　款式图阴影的处理效果

4.最后完成的整体效果图如图5-31所示。执行菜单栏【文件】\【另存为】命令，在保存的文件名中输入"女外套款式图(1)面料稿"以完成的图形保存。

图5-31　最后完成的整体效果图

练习与思考

1.服装款式图与服装效果图有哪些区别和联系？

2.服装款式图的设计对于服装结构设计有哪些重要性？

3.在制作服装款式图时主要用到CorelDraw哪些工具或命令？

4.完成一组服装款式图的设计。

第6章　服装结构设计应用实例

结构设计是服装设计与制作的重要环节。它的主要任务是根据规格尺寸把服装款式图分解成平面的衣片。在这个过程中，既要考虑服装各部件间的合理布局，又要注意服装的合体性和人体活动的舒适功能性。

作为服装设计人员，必须研究人体曲线的特征，并将其特征在服装结构线条上概括而严谨地表现出来，必须掌握人体活动规律，给予衣服适当的宽松度，把服装各部件巧妙、合理地容纳在服装结构整体中，必须理解款式图稿的本来意图，用技术与技巧制造出美的服装。

服装款式设计图完成以后，结构设计基本任务是如何使服装款式设计图平面展开分解成衣片、部件，经过缝制达到设计图稿所要表达的效果。要做到这一点，就必须对服装款式设计图进行严格、科学的审阅。通常首先看设计稿的大轮廓，属哪一种类型，是宽松型、合体型、直筒型还是非对称型的？领子、门襟、袖子、口袋等部件的形状、大小怎样？第二，看设计稿的收省、打褶、分割缝的具体位置，并把人体的凹、凸、起、伏，如何恰当地溶解于衣片的褶裥、省道、分割缝之中。第三，把零部件、分割缝、装饰件等置于最佳位置，从整体效果上达到和谐、协调、相互映衬的效果。

结构设计与款式设计是统一的，通过合理的、科学的服装结构设计，使得服装更完美。

6.1　服装上衣结构设计

6.1.1　实例效果

图6-1　款式图

131

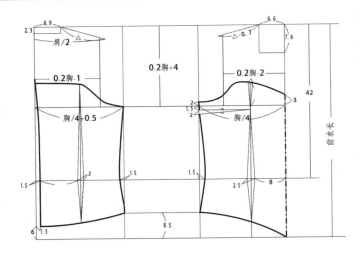

图6-2 内衣结构设计图

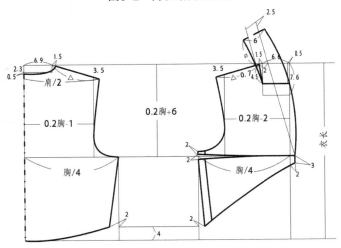

图6-3 外衣结构设计图

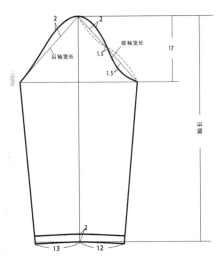

图6-4 袖子结构设计图

6.1.2 制作方法

6.1.2.1 内衣制作方法

■上衣规格尺寸

单位:(cm)

胸 围	肩 宽	腰 围	臀 围	衣 长
90	38	70	96	58

■几个公式及尺寸:

袖笼深	前胸宽	后背宽	前胸围	后胸围	前领口宽	后领口宽
0.2胸+4	0.2胸−2	0.2胸−1	胸/4	胸/4+0.5(省)	6.6	6.9

1.打开CorelDRAW软件,执行菜单栏中的【文件】\【新建】命令,或使用【Ctrl】+【N】组合快捷键,设定纸张大小为900mm×650mm,如图6-5所示。

图6-5 新建文件

2.使用工具箱中的矩形工具拖出一个正方形,长为前衣长,宽为900mm,再使用工具箱中的钢笔工具在正方形上边位置画一条直线,按【F12】键,弹出"轮廓笔"对话框,或者单击工具箱中的轮廓笔对话框工具,选项及参数设置如图6-6所示。

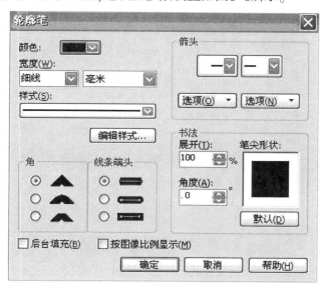

图6-6 "轮廓笔"对话框

3.执行菜单栏【窗口】\【泊坞窗】\【变换】命令,或按【Alt】+【F7】组合快捷键,弹出"变换"泊坞窗,在"位置"窗口的垂直距离输入尺寸420mm,如图6-7所示,再按"应用"按钮,这样步骤2用钢笔工具画的一条直线就垂直向下偏移上平线420mm, 即得到腰节线的位置。以此类推,从上平线向下垂直偏移0.2胸+4得到袖笼深的位置;从前中心线的位置(长方形的右边)向左水平偏移胸/4得到前胸围的位置;从后中心线的位置(长方形的右边)向右水平偏移胸/4+0.5(省)得到后胸围的位置;如图6-8所示。

图6-7 "变换"泊坞窗

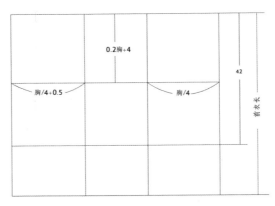

图6-8 腰节线、袖笼深、前胸围、后胸围的位置

4.用步骤3的方法,画出前领口宽6.6cm、前领口深7.6cm;后领口宽6.9cm、前领口深2.3cm;前胸宽:0.2胸-2;后背宽:0.2胸-1;前落肩:5cm;后落肩:4.5cm;后肩宽:肩/2;用钢笔工具,通过后领圈颈肩点至肩宽点连一条斜线为后肩斜线,长度以"△"表示;通过应领圈颈肩点至落肩点连一条斜线并延长,使其长为△-0.7cm,即为前肩斜线长;完成内衣结构的基本框架,如图6-9所示。

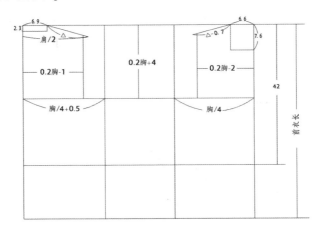

图6-9 前、后领口宽及领口深;前胸宽;后背宽;肩斜线位置

5.使用贝塞尔工具和形状工具在上述内衣结构的基本框架图形的基础上添加出粗线轮廓线,按【F12】键,弹出"轮廓笔"对话框,或者单击工具箱中的轮廓笔对话框工具,选项及参数设置如图6-10所示;表示前中心线为衣料对折线用点划线表示,"轮廓笔"对话框选项及参数设置如图6-11所示。

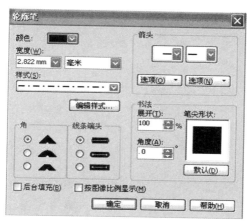

图6-10 轮廓线为粗线参数设置

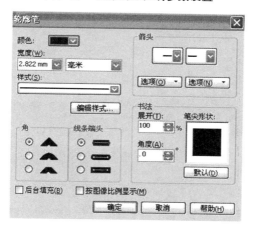

图6-11 衣料对折线点划线参数设置

6.省道的线宽度为"细线",轮廓笔的参数设置如图6-12所示。

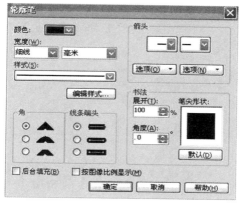

图6-12 省道的线宽度为"细线"

7.使用贝塞尔工具和橡皮擦工具分别画出轮廓线、省道、尺寸标注,并用文本工具完成文字尺寸及公式标示,效果如图6-13所示。

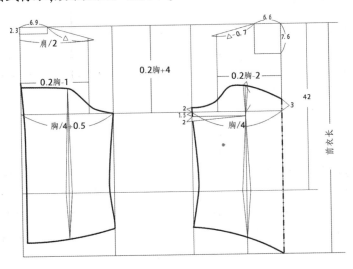

图6-13 轮廓线、省道、尺寸标注

8.继续使用贝塞尔工具、橡皮擦工具分别画出其余细部的尺寸标注线,并用文本工具完成文字尺寸及公式标示,效果如图6-14所示。

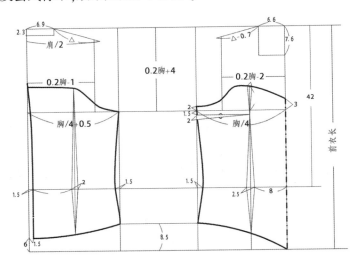

图6-14 细部的尺寸标注

6.1.2.2 外衣制作方法

■上衣规格尺寸

单位:(cm)

胸 围	肩 宽	衣 长	袖 长
94	39	42	58

■几个公式及尺寸：

袖笼深	前胸宽	后背宽	前胸围	后胸围	前领口宽	后领口宽
0.2胸+6	0.2胸-2	0.2胸-1	胸/4	胸/4	6.6+1.5	6.9+1.5

1.打开CorelDRAW其他软件,执行菜单栏中的【文件】\【新建】命令,或使用【Ctrl】+【N】组合快捷键,设定纸张大小为900mm×650mm,如图6-15所示。

图6-15　新建文件

2.使用工具箱中的矩形工具拖出一个正方形,长为衣长:420mm,宽为900mm,再使用工具箱中的钢笔工具在正方形上边位置画若干条直线,按【F12】键,弹出"轮廓笔"对话框,或者单击工具箱中的轮廓笔对话框工具,基础线线宽为"细线",分别画出袖笼深:0.2胸+6;前胸围:胸/4;后胸围:胸/4;前胸宽:0.2胸-2;后背宽:0.2胸-1;如图6-16所示。

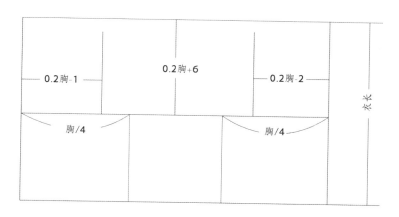

图6-16　基础线绘制

3.重复步骤2,使用工具箱中的钢笔工具画出领口、肩斜线的基础线,如图6-17所示。

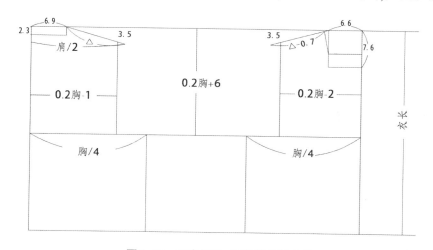

图6-17　画出领口、肩斜线的基础线

服装结构设计应用实例

4.按【F12】键，弹出"轮廓笔"对话框，或者单击工具箱中的轮廓笔对话框工具，轮廓线的选项及参数设置如图6-18所示；表示后中心线为衣料对折线用点划线表示，点划线"轮廓笔"对话框选项及参数设置如图6-19所示。

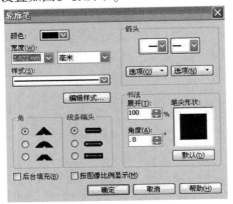

图6-18　轮廓线的选项及参数设置

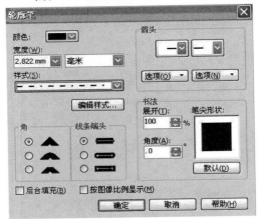

图6-19　点划线"轮廓笔"选项及参数设置

5.使用贝塞尔工具和橡皮擦工具分别画出轮廓线、结构分割线、青果领、尺寸标注，并用文本工具完成文字尺寸及公式标示，效果如图6-20所示。

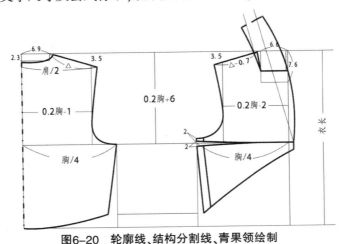

图6-20　轮廓线、结构分割线、青果领绘制

6.继续使用贝塞尔工具、橡皮擦工具分别画出其余细部的尺寸标注线，并用文本工具完成文字尺寸及公式标示，效果如图6-21所示。

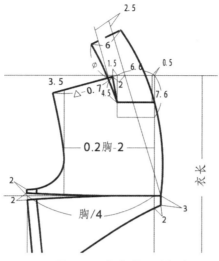

图6-21　细部的尺寸标注

7.最后完成的外衣结构设计图如图6-22所示。

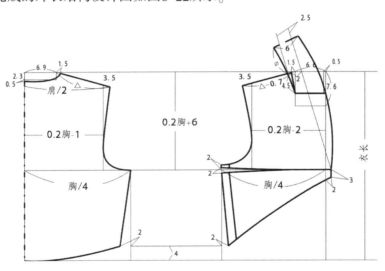

图6-22　最后完成的外衣结构设计图

6.1.2.3　袖子制作方法

■几个公式及尺寸：

单位:(cm)

袖 山 高	袖 口 大	袖 长
17	12.5	58

1.打开CorelDRAW软件，执行菜单栏中的【文件】\【新建】命令，或使用【Ctrl】+【N】组合快捷键，设定纸张大小为650mm×650mm，如图6-23所示。

服装结构设计应用实例

图6-23　新建文件

2.使用工具箱中的钢笔工具画出袖口线、袖山中心线，按【Alt】+【F7】组合快捷键，弹出"变换"泊坞窗，在"位置"窗口的垂直距离输入尺寸580mm即袖长；从上平线向下平移170mm为袖深线，组成基础线，如图6-24所示。

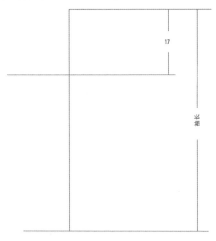

图6-24　袖子基础线的绘制

3.以袖山顶点为起点，以前衣片袖笼弧线长度为半径，圆弧与袖深线的交点确定前袖根宽；以袖山顶点向袖深线斜量后衣片袖笼弧线长度确定后袖根宽；将前袖口宽120mm与前袖宽两点连成斜线为内袖缝线；将后袖口宽130mm与后袖宽两点连成斜线为外袖缝线，如图6-25所示。

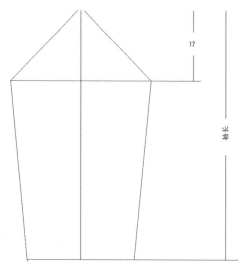

图6-25　确定前袖宽、后袖宽

4.使用贝塞尔工具和橡皮擦工具分别画出袖子轮廓线、结构分割线、尺寸标注，并用文本工具完成文字尺寸及公式标示，效果如图6-26所示。

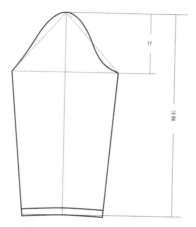

图6-26　画出袖子轮廓线、结构分割线、尺寸标注

5.按【F12】键,弹出"轮廓笔"对话框,或者单击工具箱中的轮廓笔对话框工具,等分线"轮廓笔"的选项及参数设置如图6-27所示。

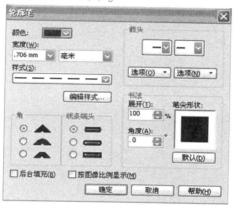

图6-27　等分线"轮廓笔"的选项及参数设置

6.继续使用贝塞尔工具、橡皮擦工具分别画出其余细部的尺寸标注线,并用文本工具完成文字尺寸及公式标示,最后完成袖子的结构设计图,效果如图6-28所示。

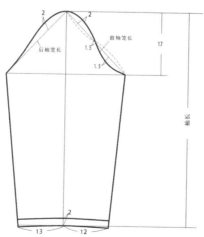

图6-28　最后完成袖子的结构设计图

6.2 服装裤装结构设计

裤子的种类繁多,按穿着对象的年龄可分为成人裤、童裤等;按穿着对象的性别,可分为男裤、女裤;按长度,则可分为长裤、中裤、短裤等;按外形特征可分直筒裤、喇叭裤、锥形裤、紧身裤等等,下面将以西裤为例,希望能达到举一反三,推此及彼的作用。

6.2.1 实例效果

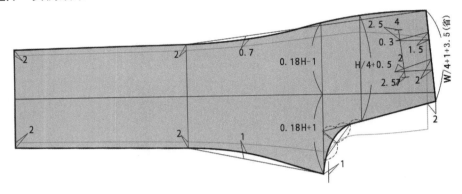

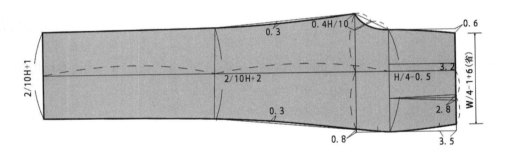

图6-29 裤装结构设计图

6.2.2 制作方法

■裤装规格尺寸

单位:(cm)

腰 围	臀 围	裤脚口	裤 长
70	100	44	100

■几个公式及尺寸:

直裆高	前臀围大	后臀围大	前窿门大	后窿门大	前腰围大	后腰围大
臀围/4	臀围/4-0.5	臀围/4+0.5	0.04臀围	0.1臀围	腰围/4-1+6(两褶)	腰围/4+1+4(两省)

1.打开CorelDRAW软件,执行菜单栏中的【文件】\【新建】命令,或使用【Ctrl】+【N】组合快捷键,设定纸张大小为1200mm×1200mm,如图6-30所示。

图6-30　新建文件

2.使用【Ctrl】+【R】显示标尺,将辅助线拖一条裤口线、一条布边线,按【Alt】+【F7】组合快捷键,弹出"变换"泊坞窗,在"位置"窗口的水平距离输入尺寸100cm-4cm(腰宽)即得到裤长线;从裤长线向左平移臀围/4为直裆高;直裆高/3为臀围线;裤口线至臀围线二分之一处为中裆线;布边线上移臀围/4-0.5为前臀围大;从前臀围大上移0.04臀围为前窿门大;从前窿门大至布边线二分之一处为挺缝线;确定前裤脚口大裤脚口/2-2cm;前腰围大为腰围/4-1+6(两褶);使用贝塞尔工具和橡皮擦工具分别画出前裤片轮廓线,并单击节点属性栏封闭节点按钮,如图6-31所示;完成封闭前裤片轮廓线,效果如图6-32所示。

图6-31　节点属性栏

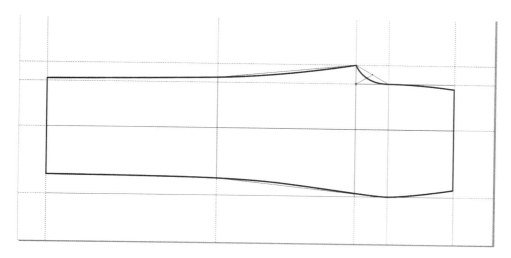

图6-32　封闭前裤片轮廓线

3.使用工具箱中的钢笔工具画出前裤片挺缝线的位置;并使用工具箱中的钢笔工具

画出前裤片省道、褶裥位置及大小,效果如图6-33所示。

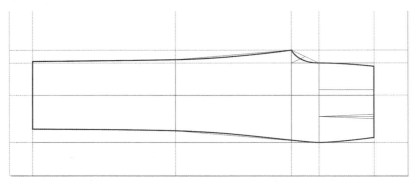

图6-33 省道、褶裥位置及大小

4.结构线为细线、轮廓线为粗线,前裤片局部放大效果如图6-34所示。

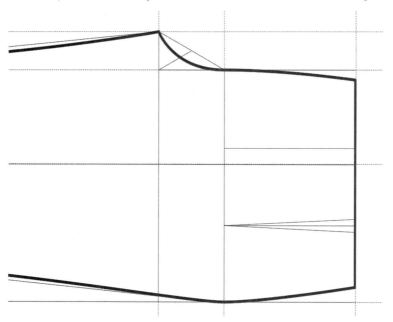

图6-34 局部放大效果

5.按【F12】键,弹出"轮廓笔"对话框,点击"编辑线条样式"按钮,弹出"编辑线条样式"活动窗口,用鼠标在中间方格内点击,根据需要编辑线条样式,如图6-35所示。

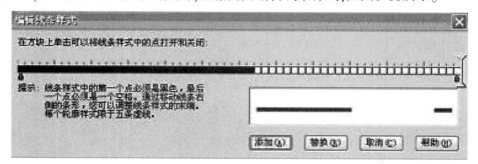

图6-35 编辑线条样式

6.根据步骤5编辑的线条样式,分别使用贝塞尔工具画出虚线等分线;设定轮廓笔线宽为细线,使用贝塞尔工具、橡皮擦工具分别画出其余细部的尺寸标注线,并用文本工具完成文字尺寸及公式标示,最后完成前裤片的结构设计图,效果如图6-36所示。

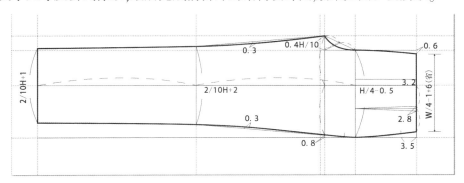

图6-36　前裤片的结构设计图

7.用选择工具将前裤片轮廓线选中,单击小键盘"+"号键,将前裤片轮廓线复制一次,并用键盘上【Shift】+【↑】组合快捷键将复制的前裤片轮廓线垂直向上移动,按【F12】键,弹出"轮廓笔"对话框,点击"编辑线条样式"按钮,将线宽设定为"细线",并进行垂直翻转,效果如图6-37所示。

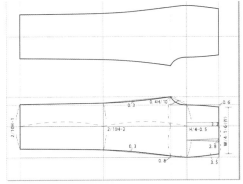

图6-37　复制、移动、垂直翻转前裤片轮廓线

8.按【F12】键,弹出"轮廓笔"对话框,点击"编辑线条样式"按钮,将轮廓线线宽设定为"2.822mm",如图6-38所示。

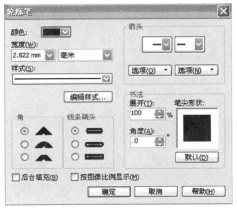

图6-38　轮廓线线宽设置

9.后裤片以前裤片为基础,脚口线、中裆线、横裆线、臀围线、裤长线都与前裤片平齐;后翘高为2cm;后裤片挺缝线与前裤片挺缝线重叠;后臀围大为臀围/4+0.5;后腰围大为腰围/4+1+4(两省);后裤脚口大、后中裆大均在前裤片裤脚口大、后中裆的基础上,上裆缝和侧缝线处各放2cm;使用贝塞尔工具画出后裤片结构线、轮廓线,如图6-39所示。

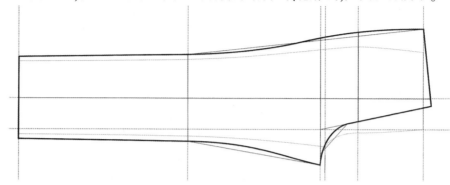

图6-39　后裤片结构线、轮廓线

10.将后裤片局部放大,使用贝塞尔工具、橡皮擦工具分别画出其余细部的尺寸标注线,并用文本工具完成文字尺寸及公式标示,效果如图6-40所示。

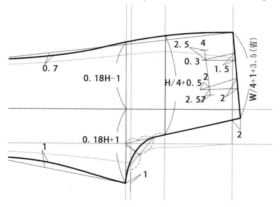

图6-40　细部的尺寸标注

11.最后完成的前、后裤片的结构设计图,如图6-41所示。

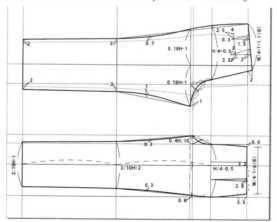

图6-41　前、后裤片的结构设计图

12.用选择工具,按住【Shift】键分别点击,将前、裤片轮廓线选中,单击工具箱中的颜色对话框工具,在弹出的"标准填充方式"对话框中将填色的CMYK值为(10,0,80,0),如图6-42所示。并单击"确定"按钮,将选中图形填色,完成前、后裤片的结构设计图填色制作,效果如图6-43所示。

图6-42　填色的CMYK值设置

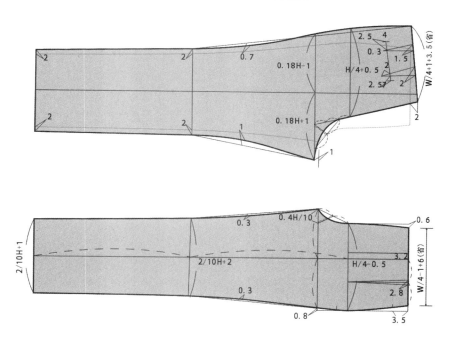

图6-43　前、后裤片的结构设计图填色效果

练习与思考

1.简述结构设计在服装设计与制作中的重要性。

2.如何编辑轮廓笔的线型?

3.绘制服装结构设计图常用的线型有哪些?

4.绘制系列服装结构设计图,并进行填色或填充面料。

第7章 服饰配件设计应用实例

服饰有广义服饰和狭义服饰之分。广义的服饰指人穿戴装扮的一种行为,泛指服饰文化。狭义的服饰指衣服上的服饰,常指服饰配件及饰物装饰品。

■帽子:它很轻易的就能表现出个人的品味,它的色泽和式样必须和衣着及个性相配。

■首饰:用于头、颈、胸及手等部位的装饰物。如耳环、项链、领巾、胸花、眼镜、手表等是最常见的首饰物之一。

■腰饰:用于腰部位的装饰物。如腰带等。

■包饰:指具有装饰性的背包、拎在手上的拎包、挎在肩部的挎包等。

■鞋、袜:首重舒适,但仍必需配合衣着的气氛和脚的形状。

■肩饰:用于肩部的装饰物。如围巾、披肩等。

■领饰:指用于领口部位的装饰物。如领结、领带、别针等。

在服饰配件中,鞋、包和袜子是必需穿戴的,其他都是装饰性大于实用性。在服饰配件设计时,必须注意"适量就是美"这个原则。

7.1 时尚钟表设计

7.1.1 实例效果

图7-1 时尚钟表的设计效果

7.1.2　制作方法

1.打开CorelDRAW软件,执行菜单栏中的【文件】\【新建】命令,或使用【Ctrl】+【N】组合快捷键,设定纸张大小为100mm×200mm,如图7-2所示。

图7-2　新建文件

2.单击工具箱中的贝塞尔工具,分别大致画出如图7-3所示封闭图形,结合使用形状工具,为图形增加若干节点,并将节点调到使线条圆顺;分别使用渐变工具对各个封闭图形填色,效果如图7-3所示。

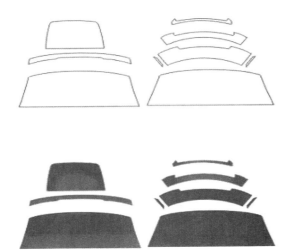

图7-3　各个封闭图形填色

3.使用工具箱挑选工具,对上述图形进行组合并对齐,效果如图7-4所示。

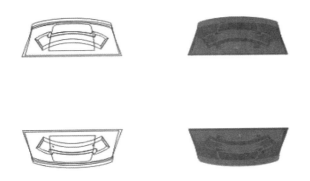

图7-4　图形组合并对齐

4.在上述两对称造型中间,使用工具箱中的椭圆工具,按住【Ctrl】+【Shift】键画出正圆,并单击渐变工具,在弹出的"渐变填充方式"对话框中选择从深蓝CMYK(98,91,15,1)至天蓝CMYK(68,45,7,0)双色渐变,将渐变类型选择为"射线",按小键盘上"+"号键,将正圆复制一次,按【Shift】键的同时将复制的正圆缩小再进行从深蓝CMYK(98,91,15,1)至天蓝CMYK(68,45,7,0)双色"线性"渐变,参数设置如图7-5所示。

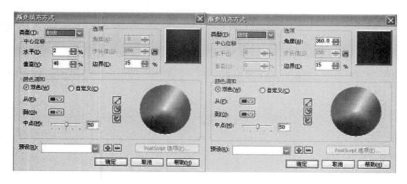

图7-5 渐变填充方式参数设置

5."射线"渐变填充方式和"线性"渐变填充方式效果如图7-6所示。

图7-6 两次渐变填充方式效果

6.将上述渐变填充的两个正圆图形进行【群组】,按【Shift】键的同时将复制的"群组"正圆缩小为同心圆;使用工具箱中的椭圆工具,按住【Ctrl】+【Shift】键画出正圆,并单击渐变工具,在弹出的"渐变填充方式"对话框中选择从灰色CMYK(0,0,0,40)至白色CMYK(0,0,0,0)双色"线性"渐变,如图7-7所示;按小键盘上"+"号键,将"线性"渐变正圆复制一次,按【Shift】键的同时将复制的正圆形进行同心圆缩小并进行灰蓝CMYK(60,40,0,40)填色,效果如图7-8所示。

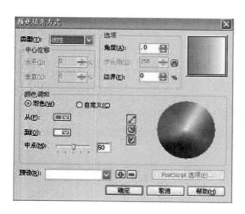

图7-7 双色"线性"渐变参数设置   图7-8 填色效果

7.单击工具箱中的贝塞尔工具,分别大致画出如图7-10所示时尚表按锁的封闭图形,单击渐变工具,在弹出的"渐变填充方式"对话框中选择"自定义""线性"渐变,如图7-9所示;其中各主要控制点的位置和颜色参数分别如下:

位置:0   颜色:CMYK值(0,0,0,60)
位置:13   颜色:CMYK值(0,0,0,0)
位置:53   颜色:CMYK值(0,0,0,60)
位置:85   颜色:CMYK值(0,0,0,0)
位置:100   颜色:CMYK值(0,0,0,60)

完成渐变效果如图7-10所示。

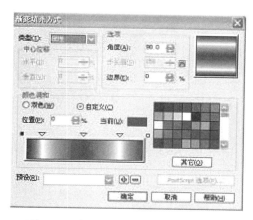 

图7-9 "自定义""线性"渐变参数设置   图7-10 完成按锁渐变效果

8.单击工具箱中的贝塞尔工具,分别精确画出如图7-11所示封闭图形,单击渐变工具,在弹出的"渐变填充方式"对话框中选择"自定义""射线"渐变,如图7-12所示;其中各主要控制点的位置和颜色参数分别如下:

位置:0   颜色:CMYK值(0,0,0,30)
位置:10   颜色:CMYK值(0,0,0,0)
位置:30   颜色:CMYK值(0,0,0,30)
位置:60   颜色:CMYK值(0,0,0,0)
位置:80   颜色:CMYK值(0,0,0,30)
位置:100   颜色:CMYK值(0,0,0,0)

完成渐变效果如图7-10所示。

 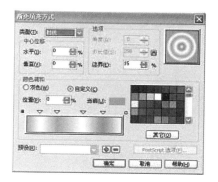

图7-11 完成渐变效果   图7-12 "自定义""射线"渐变参数设置

9.使用工具箱挑选工具将中间浅灰色正圆选中,按小键盘上"+"号键,将浅灰色正圆复制一次,按【Shift】键的同时将复制的正圆形进行同心圆缩小,再进行从灰色CMYK值(0,0,0,30)至白色CMYK值(0,0,0,30)"双色""线性"渐变填色,如图7-13所示。按【Ctrl】+【PgDn】组合快捷键将该圆放置在灰蓝色正圆后面,效果如图7-14所示。

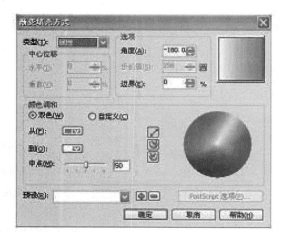 

图7-13 "双色""线性"渐变参数设置　　　　　**图7-14 渐变效果**

10.按小键盘上"+"号键,将浅灰色正圆复制一次,按【Shift】键的同时将复制的正圆形进行同心圆缩小,按【Ctrl】+【PgUp】组合快捷键将该圆放置在灰蓝色正圆前面,进行从黑色CMYK值(0,0,0,100)至白色CMYK值(0,0,0,30)"双色""线性"渐变填色,产生渐变效果,如图7-15所示。

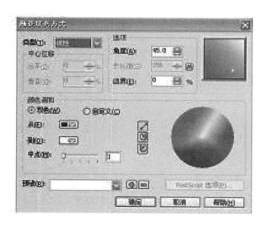 

图7-15 "双色""线性"渐变参数设置及渐变效果

11.单击工具箱互交式阴影工具,将中间同心圆用鼠标至上而下拖动,使中间同心圆产生阴影,阴影参数设置如图7-16所示。阴影效果如图7-17所示。

图7-16 阴影参数设置

图7-17 阴影效果

12.表带制作：使用工具箱中的矩形工具,拖出矩形,单击右键将矩形转换成曲线,使用形状工具,为矩形一头调整为弧形;单击工具箱中的颜色对话框工具,在弹出的"标准填充方式"对话框中将填色的湖蓝色CMYK值为(40,0,0,0),如图7-18所示,并单击"确定"按钮,将表带填充;同样方法完成拼色色块图形的制作,填为深蓝色CMYK值为(100,80,0,0),如图7-19所示;在拼色色块图形上用工具箱中的贝塞尔工具,画出装饰明线,按【F12】键,弹出"轮廓笔"对话框,或者单击工具箱中的轮廓笔对话框工具,选项及参数设置如图7-20所示,将装饰明线设置为白色虚线。表带的分解制作过程及组合效果如图7-21所示。

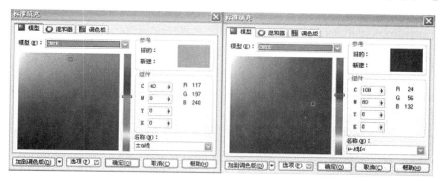

图7-18 表带湖蓝色CMYK值   图7-19 拼色色块深蓝色CMYK值

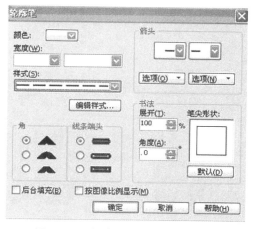

图7-20 "轮廓笔"选项及参数设置

153

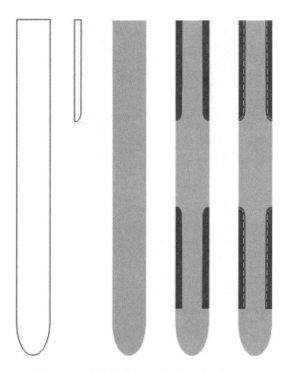

图7-21　表带的分解制作过程及组合效果

13.使用工具箱中的矩形工具,在表带上方拖出矩形,并按小键盘上"+"号键,将矩形复制一次,按住【Shift】键的同时将复制的矩形缩小,产生第二个矩形;将二个矩形同时选择,执行【排列】\【结合】命令进行结合;使用工具箱中的矩形工具,拖出一个横向矩形、一个纵向矩形,并将纵向矩形两头转化为圆头;选择横向矩形,进行"自定义""双色"渐变填色,如图7-22所示,其中各主要控制点的位置和颜色参数分别如下:

位置:0　　　　　　颜色:CMYK值(0,0,0,100)
位置:50　　　　　　颜色:CMYK值(0,0,0,0)
位置:100　　　　　颜色:CMYK值(0,0,0,100)

完成渐变效果如图7-23所示。

图7-22　"自定义""双色"渐变参数设置

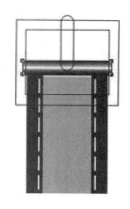

图7-23　完成渐变效果

14.使用工具箱挑选工具将纵向圆头矩形选中,如图7-24所示。

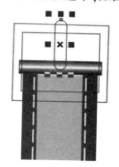

图7-24　将纵向圆头矩形选中

15.单击渐变工具,在弹出的"渐变填充方式"对话框中选择从黑至白"双色""线性"渐变,参数设置如图7-25所示;完成渐变效果如图7-26所示。

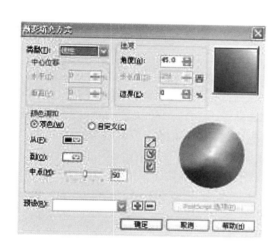

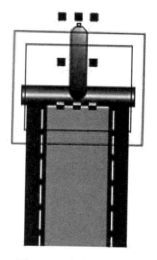

图7-25　"双色""线性"渐变参数设置　　　　图7-26　完成渐变效果

16.使用工具箱挑选工具将环形矩形选中,如图7-27所示。

图7-27　将环形矩形选中

155

17.单击渐变工具,在弹出的"渐变填充方式"对话框中选择从黑至白"双色""线性"渐变,参数设置如图7-28所示;完成渐变效果如图7-29所示。

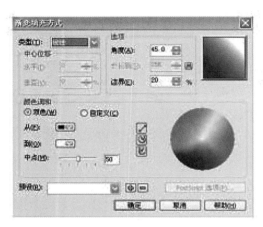 

图7-28　"双色""线性"渐变参数设置　　　　　图7-29　完成渐变效果

18.使用工具箱中的椭圆工具,按住【Ctrl】+【Shift】键在表带尾端中间位置画出一个小圆形为表带孔,并填充为白色;按小键盘上"+"号键,将小圆形表带孔复制一次,移到下方位置,用选取工具选取上方表带孔,再单击工具箱交互式调和工具,在上方表带孔上按下鼠标不放往下拖动鼠标至下方第二个表带孔,执行调和效果后,在两个表带孔中间增加大小相同的表带孔,增加表带孔的数量可以通过设置属性栏或泊坞窗中的步长值来改变其调和数,如图7-30所示中将步长值设置为4,于是原来的两个表带孔就变成了6个大小相同的表带孔,将这6个大小相同的表带孔进行群组,完成交互式调和效果如图7-31所示。

图7-30　交互式调和参数设置

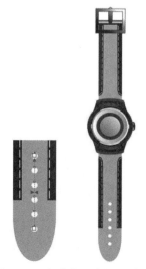

图7-31　完成交互式调和效果

19.使用工具箱中的矩形工具,在浅灰色表面上方拖出矩形为指针刻度线,用深灰色CMYK(0,0,0,60)填色,执行【排列】\【对齐与分布】将该刻度线与表面圆形垂直居中对齐;双击表面圆形显示圆心,拖出经过圆心的水平和垂直两根辅助线;双击刻度线小矩形将小矩形的圆心用鼠标左键拖到辅助线的交点即表面中心位置,如图7-32所示。

图7-32 改变小矩形指针刻度线中心位置

20.按【Alt】+【F8】组合键弹出"变换"泊坞窗,在"变换"泊坞窗面板中按下"旋转"按钮,设定旋转角度为6°,选择"相对中心",如图7-33所示。

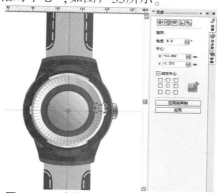

图7-33 "变换"泊坞窗选项及参数设置

21.反复用鼠标点击"应用到再制"直至将小矩形指针刻度线旋转复制360°,效果如图7-34所示。

图7-34 小矩形指针刻度线旋转复制360°

22.使用工具箱中的矩形工具,在浅灰色表面右侧拖出矩形为分钟指针,如图7-35所示。

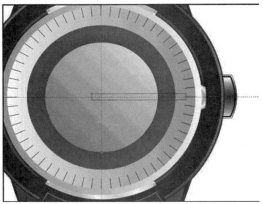

图7-35　拖出矩形为分钟指针

23.单击右键将矩形转换成曲线,使用形状工具,将矩形两头分别调整为三角形,如图7-36所示。

图7-36　将矩形两头分别调整为三角形

24.按小键盘上"+"号键,将两头三角形的分钟指针外形复制一次,缩小并与分钟指针外形"水平居中对齐",如图7-37所示。

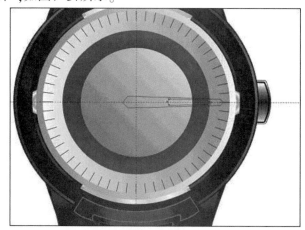

图7-37　分钟指针两个图形水平居中对齐

25.单击工具箱中的颜色对话框工具,在弹出的"标准填充方式"对话框中将分钟指针填色的灰色CMYK值为(0,0,0,10),如图7-38所示。

图7-38　分钟指针填色的灰色

26.将分钟指针的凹槽填色为白色CMYK值为(0,0,0,0),"轮廓笔"的边线颜色设置为深灰色CMYK值为(0,0,0,50),将灰色分钟指针及白色凹槽进行【Ctrl】+【G】群组,并将该群组对象逆时针旋转30°,如图7-39所示。

图7-39　分钟指针逆时针旋转30°

27.重复步骤22至步骤26,完成时钟指针的制作,如图7-40所示。

图7-40　完成时钟指针的制作

28.使用工具箱挑选工具将分钟指针、时钟指针选中，单击工具箱互交式阴影工具，将分钟指针、时钟指针用鼠标至上而下拖动，使分钟指针、时钟指针产生阴影，阴影参数设置及阴影效果如图7-41所示。

图7-41 分钟指针、时钟指针产生阴影

29.完成分钟指针、时钟指针阴影后时尚表的整体效果如图7-42所示。

图7-42 时尚表的整体效果

30.使用工具箱中的矩形工具，在表面适当位置拖出秒针矩形，单击右键将矩形转换成曲线，用增加节点和删除节点的方法，将秒针矩形变为等腰三角形，并填充为红色CMYK值(0,100,100,0);旋转一定角度;使用互交式阴影工具拖出阴影效果，完成秒针的制作，效果如图7-43所示。

图7-43 完成秒针的制作

31.使用工具箱中的椭圆工具,按住【Ctrl】+【Shift】键在时尚表面中心位置画出正圆,

并单击渐变工具,在弹出的"渐变填充方式"对话框中选择从红色CMYK(0,100,100,0)至白色CMYK(0,0,0,0)"双色""射线"渐变,完成渐变效果如图7-44所示。

图7-44　完成渐变效果

32.单击文本工具,弹出文本工具属性栏,字体种类及大小设置如图7-45所示。

图7-45　文本工具属性栏参数设置

33.在时尚钟表面的上、下、左、右位置分别键入"12""6""9""3"数字,字体颜色为白色,并进行旋转、对齐,如图7-46所示。

图7-46　数字键入

34.执行菜单栏【文件】\【导入】命令,或按【Ctrl】+【I】组合快捷键,弹出【导入】对话框,在其中选择如图7-47所示"奔马"图片,然后单击【导入】按钮,将"奔马"图片导入到页面中来,并适当调整图片大小。

图7-47　导入"奔马"图片

35.用选取工具选取"奔马"图形，与表面圆形进行"水平居中对齐"和"垂直居中对齐"，并将该图形反复执行【Ctrl】+【PgDn】组合快捷键将"奔马"图形放在指针后面；单击渐变工具，在弹出的"渐变填充方式"对话框中选择从天蓝色CMYK(40,0,0,0)至白色CMYK(0,0,0,0)"双色""射线"渐变，设置参数如图7-48所示。

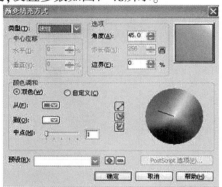

图7-48　"双色""射线"渐变参数设置

36."奔马"图形完成"双色""射线"渐变后效果如图7-49所示。

图7-49　"奔马"图形完成"双色""射线"渐变

37.这样就完成了时尚钟表的制作，整体效果如图7-50所示。

图7-50　时尚手表的整体效果

7.2 鞋子设计

鞋子是重要的服饰之一,它关系到整个服饰造型的整体美。鞋子的种类很多,有凉鞋、布鞋、运动鞋、旅游鞋、休闲鞋、皮鞋,皮鞋又分平跟、中跟、高跟、中靴、高靴等。

鞋子的设计本身不是孤立的,因为鞋子设计本身是为了与服装配套,所以设计师在设计鞋子的时候,一定要将鞋子的款式、面料、色彩要与服装的款式、面料、色彩相协调。彩条、蝴蝶结、花卉图案、黑白条纹、绑带设计、坡跟鞋、镂空图案等在鞋子的设计中应用十分广泛。

7.2.1 实例效果

图7-51 运动鞋的设计实例效果

7.2.2 制作方法

1.打开CorelDRAW软件,执行菜单栏中的【文件】\【新建】命令,或使用【Ctrl】+【N】组合快捷键,设定纸张大小为200mm×200mm,如图7-2所示。

图7-52 新建文件

2.单击工具箱中的贝塞尔工具 ,大致画出如图7-53所示运动鞋线描图形,结合使用形状工具 ,为曲线增加若干节点,并将节点调到使线条圆顺,如图7-53所示。

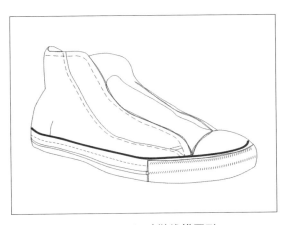

图7-53 运动鞋线描图形

3.使用工具箱中的椭圆工具 ,按照鞋带孔的透视关系依次画出如图7-54所示运动鞋鞋带孔图形。

图7-54 运动鞋鞋带孔图形

4.使用工具箱中的贝塞尔工具 ✎ ,大致画出如图7-55所示运动鞋鞋带线描图形,结合使用形状工具 ✎ ,为曲线增加若干节点,并将节点调到使线条圆顺,完成运动鞋鞋带线描稿的绘制,如图7-55所示。

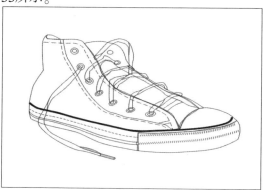

图7-55 运动鞋线描稿

5.使用选取工具 ▶ ,选取鞋底前部图形,单击工具箱中的颜色对话框工具 ■ ,在弹出的"标准填充方式"对话框中将填色的CMYK值为(4, 3,19, 0),并单击"确定"按钮,将鞋底前部填充为米色,效果如图7-56所示。

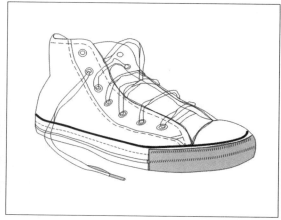

图7-56 鞋底前部填充为米色

6. 继续使用选取工具 ▶ 分别选取鞋底后部、鞋面前部图形，并填充为米色CMYK (4，3，19，0)，如图7-57所示。

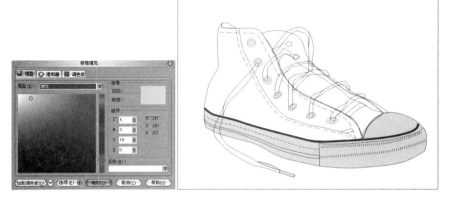

图7-57　鞋底后部、鞋面前部填充为米色

7. 用选取工具 ▶ 分别选取鞋底装饰线条，如图7-58所示，填充为蓝绿色CMYK (60，0，40，20)。

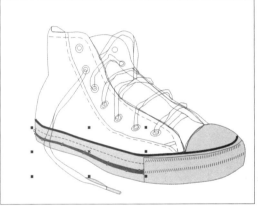

图7-58　鞋底装饰线条填充为蓝绿色

8. 用选取工具 ▶ 选取鞋面装饰线条，将装饰线条颜色改为蓝色CMYK(95，33，0，0)，如图7-59所示。

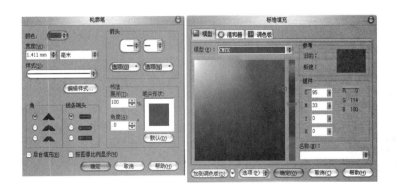

图7-59 "轮廓笔"参数设置、鞋面装饰线条颜色改为蓝色

9.用选取工具  选取如图7-60所示鞋面右侧面图形，单击纹理填充对话框 ，弹出纹理填充对话框，在"底纹填充"面板中选择填充图的样式，并进行各选项及参数设置，填充效果如图7-60所示。

图7-60 "底纹填充"参数设置、鞋面右侧面图形填充效果

10.用选取工具  选取鞋里图形，并填充为深灰色CMYK(0,0,20,80)，效果如图7-61所示。

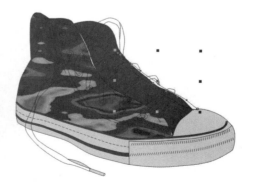

图7-61 鞋里填色参数设置、图形填色

11.用选取工具 ![] 选取鞋面左侧面图形,单击纹理填充对话框 ![] ,弹出纹理填充对话框,在"底纹填充"面板中选择填充图的样式,并进行各选项及参数设置,填充效果如图7-62所示。

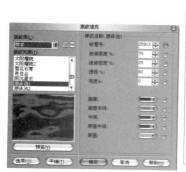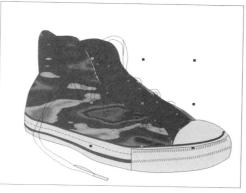

图7-62 "底纹填充"参数设置、鞋面左侧面图形填充效果

12.用选取工具 ![] 选取鞋面中间图形,单击纹理填充对话框 ![] ,弹出纹理填充对话框,在"底纹填充"面板中选择填充图的样式,并进行各选项及参数设置,填充效果如图7-63所示。

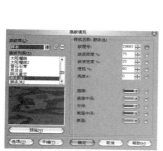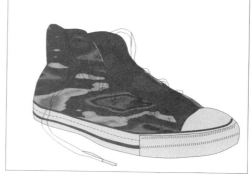

图7-63 "底纹填充"参数设置、鞋面中间图形填充效果

13.用选取工具 ![] 选取鞋带孔图形,填色分别为CMYK为 (20,0,20,0) 、CMYK为 (0,0,20,80) ,填色效果如图7-64所示。

图7-64　鞋带孔填色参数设置、填色效果

14.用选取工具  分别选取鞋带图形,填色为CMYK为(0,0,0,10),填色效果如图7-65所示。

图7-65　鞋带填色参数设置、填色效果

15.给鞋底增加暗部,以填加其体积感。具体做法是:单击工具箱中的贝塞尔工具 ,在鞋底前部适当位置画出暗部封闭曲线,设置暗部填色为黑色 CMYK (0,0,0,100),再单击工具箱互交式透明工具 ,将暗部的色块用鼠标至左向右拖动,使阴影部分的色块至鞋底前部色块产生柔和过渡,如图7-66所示。

图7-66　鞋底暗部互交式透明

16.完成鞋底暗部填色效果如图7-67所示。

图7-67　鞋底暗部填色效果

17.使用上述方法,继续完成鞋面左、右侧面图形及鞋面中间图形之间深色暗部的表现,使用互交式透明工具 ,将暗部的色块用鼠标至左向右拖动,如图7-68所示。

图7-68　鞋面左、右侧面图形及鞋面中间图形之间暗部互交式透明

18.完成鞋面左、右侧面图形暗部填色效果如图7-69所示。

图7-69　鞋面左、右侧面图形暗部填色效果

19.给运动鞋增加亮部，以填加其光泽感。具体做法是：单击工具箱中的贝塞尔工具 ✐，分别在运动鞋适当位置画出高光部封闭曲线，设置高光部填色为白色，完成运动鞋高光部的填色，最后完成运动鞋的绘制，效果如图7-70所示。

20.完成运动鞋的绘制，效果如图7-71所示。

图7-70　运动鞋增加亮部

图7-71　完成运动鞋的绘制

21.选择上图运动鞋中所有对象进行群组，并进行复制、缩放，将运动鞋进行组合，效果如图7-72所示。

图7-72　最后完成运动鞋的组合效果

练习与思考

1.服饰配件的含义是什么?具体种类有哪些?

2.简述表现色彩明暗关系的手法有哪些?

3.什么是"旋转"的"应用到再制"功能? 举例说明在服饰设计中的应用情况。

4.设计制作一款时尚女表。

5.设计制作一款运动鞋。

第8章　头像表现技法应用实例

　　头像表现是关于人物头部的设计表现方案,不仅是发型设计、化妆设计的基础,而且是服装设计效果图表现的重要组成部分。同时，它还常见于商业用途的CG(ComputerGraphic)作品中。在现代商业社会中,头像表现的应用范围极其广泛,无论是游戏、动画、漫画、电视、电影等娱乐领域,还是广告、宣传、CI等商业领域,处处都有人物头像表现的用武之地。

8.1　实例效果

图8-1　头像实例效果

8.2　制作方法

　　1.打开CorelDRAW软件,执行菜单栏中的【文件】\【新建】命令,或使用【Ctrl】+【N】组合快捷键,设定纸张大小为200mm×200mm,如图8-2所示。

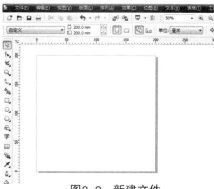

图8-2　新建文件

2.单击工具箱中的贝塞尔工具 ，大致画出头部和耳朵轮廓图形，结合使用形状工具 ，为头部轮廓图形增加若干节点，并将节点调整，直到头部轮廓线条圆顺为止，如图8-3所示。 然后鼠标框选所绘制部分，点击菜单栏中"排列"—"造型"—"焊接"，将脸部与耳朵轮廓合并在一起，如图8-4所示。

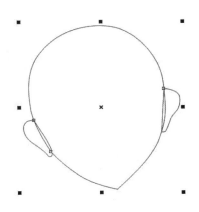

图8-3　绘制脸部与耳朵　　　　　　　图8-4　使用"焊接"

3.将脸部轮廓填充为肤色，颜色参数CMYK值(1,4,11,0)，如图8-5所示，脸部填充效果如图8-6所示。继续单击工具箱中的贝塞尔工具 ，分别仔细绘制"眉毛""眼框""睫毛""鼻子""嘴唇"等封闭曲线，利用形状工具 将各曲线调整为如图8-7、8-8所示的形状。

图8-5　颜色参数　　　　　　　　图8-6　脸部填充

图8-7　绘制眉毛、眼睛　　　　　　图8-8　绘制鼻子、嘴唇

4.鼠标选中"眉毛"区域,并单击渐变工具 ,在弹出的"渐变填充方式"对话框中将渐变类型选择为"线性",颜色为从"40%黑"到"30%黑"。其颜色参数和效果如图8-9所示。

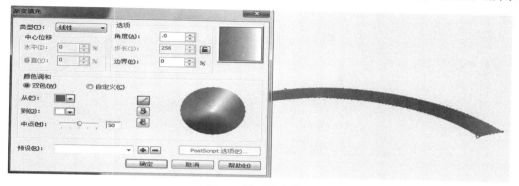

图8-9　眉毛填充效果

5.选中眼皮上方,如图8-10所示,并单击渐变工具 ,在弹出的"渐变填充方式"对话框中选择自定义渐变,将渐变类型选择为"线性",颜色为从"CMYK值(35,59,74,49)"到"CMYK值(9,13,15,0)",其眼皮上方渐变颜色参数如图8-11所示。

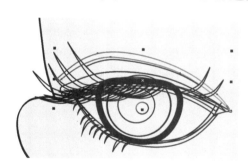

图8-10　选中眼皮上方

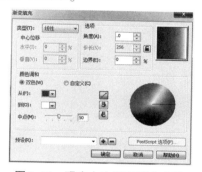

图8-11　眼皮上方渐变填充参数

6.选中上眼线并填充为黑色;选中睫毛和下眼线,填充CMYK值为(35,59,74,49);上眼皮阴影填充为从"40%黑"到"30%黑"的线性渐变;选中眼珠外圈,填充和描边分别如参数 C: 78 M: 20 Y: 87 K: 11 C: 62 M: 31 Y: 82 K: 59 .500毫;选中眼珠内圈,并单击渐变工具 ,在弹出的"渐变填充方式"对话框中选择自定义渐变,将渐变类型选择为"线性",颜色为从"CMYK值(69,1,53,0)"到"CMYK值(53,20,93,0)",眼珠内圈渐变填充参数如图8-12所示;选择瞳孔并进行渐变填充,颜色为从"CMYK值(74,67,22,1)"到"CMYK值(36,95,0,0)"。

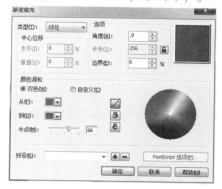

图8-12　眼珠内圈渐变填充参数

其瞳孔颜色参数和眼睛上色效果如图8-13、8-14所示。

图8-13　瞳孔渐变填充参数

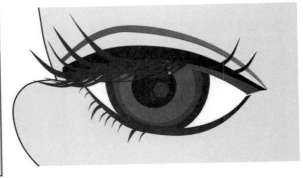

图8-14　眼睛上色效果

7.单击工具箱中的贝塞尔工具 ✎ ,画出眼影和腮红外形,结合使用形状工具 ◣ 调整节点调整直到线条圆顺为止,鼠标右键调整眼影和腮红顺序,使其至于眼睛后一层、脸颊前一层。并填充颜色为从"CMYK值(2,31,22,0)"到"CMYK值(3,8,8,0)"的线性渐变,其颜色参数和效果分别如图8-15、8-16所示。

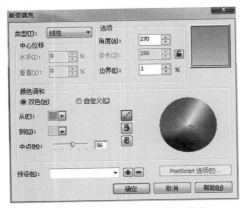

图8-15　眼影、腮红渐变填充参数

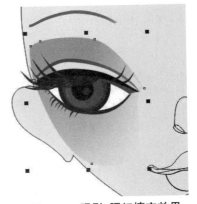

图8-16　眼影、腮红填充效果

8.使用同样的方式填充右边眼睛以及腮红、眼影,或选中已完成的左边眼睛,使用 🔛 水平镜像并旋转角度到合适的位置绘制出右边眼睛、眉毛及眼影和腮红, 如图8-17所示;完成眼部上色,效果如图8-18所示。

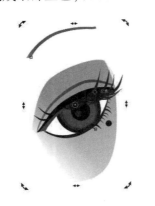

图8-17　右边眼影、腮红填充效果

图8-18　眼部填充效果

9.选择鼻子阴影部分,并填充颜色为从"CMYK值(2,31,22,0)"到"CMYK值(3,8,8,0)"的线性渐变,其颜色参数如图8-19所示。填充鼻孔为从"CMYK值(32,38,40,11)"到"CMYK值(3,9,11,0)"的线性渐变,调整到适合角度,效果如图8-20所示。

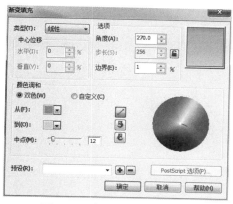

图8-19　鼻子渐变填充参数

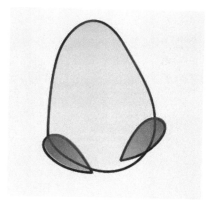

图8-20　鼻子填充效果

10.选择上、下嘴唇,单击渐变工具 ,在弹出的"渐变填充方式"对话框中将渐变类型选择为"线性",填充颜色为从"CMYK值(2,31,22,0)"到"CMYK值(3,8,8,0)",其颜色参数分别如图8-21、8-22所示。填充唇线CMYK值 (32 ,58,61,35) 和嘴唇下方阴影CMYK值(32,58,61,35)。单击工具箱中的贝塞尔工具 ,分别画出鼻子高光、嘴唇高光部分封闭曲线,用白色填充,以增加其体积感效果,如图8-23所示。同时在调色板的 上面单击右键,消除五官对象轮廓笔边线的填充,如图8-24所示,完成五官的绘制。

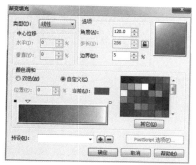

图8-21　上嘴唇渐变填充参数

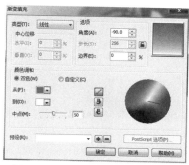

图8-22　下嘴唇渐变填充参数

图8-23　嘴唇填充效果

图8-24　五官填充效果

11.单击工具箱中的贝塞尔工具🖋,绘制出额头上方阴影部分闭路径,填充CMYK值(10,13,17,0);绘制出脖子部分闭路径,填充CMYK值(9,20,17,0);继续绘制出头发轮廓,填充黑色和 CMYK值(60,51,48,57)深灰色,如图8-25所示。

图8-25　头发、脖子绘制填充效果

12.单击工具箱中的贝塞尔工具🖋,绘制身体外轮廓线,使用快捷键"F12",调整每一部分轮廓线粗细,如图8-26所示进行参数设置,在身体部分填充与脸部相同的肤色,如图8-27所示效果。

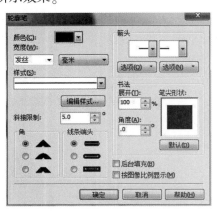

图8-26　轮廓笔参数设置

图8-27　身体轮廓及肤色填充效果

13.服装着色,给服装分别填充CMYK值为(72,47,38, 56), CMYK值为(0,100,100, 0), CMYK值为(28,66,89, 48), CMYK值为(0,0,20,0)四种颜色, 如图8-28所示效果。

图8-28　身体轮廓及肤色填充效果

14.使用贝塞尔工具 ✎、椭圆工具 ◯、形状工具 ✎ 等工具分别绘制每一部分头饰，并分别群组。在头饰中填充相应的颜色，并单击"填充"/"底纹填充"，选择"底纹列表"中的"磨光石英"效果，如图8-29、8-30所示，填充发簪和蝴蝶装饰。单击文本工具 字，设置如图参数 ⟮ 0 宋体 ⟯、⟮ 24 pt ⟯，将"福"绘制在发带上，如图8-31所示。绘制好的各部分发饰如图8-32所示，同时在调色板的 ⊠ 上面单击右键，消除发饰对象轮廓笔边线的填充，并将各部分发饰摆放在头发适合位置，单击鼠标右键调整对象顺序，完成头像实例的绘制，效果如图8-33所示。

图8-29　选择底纹填充

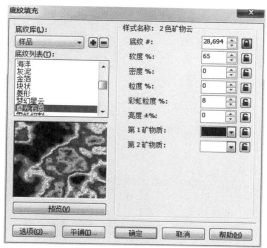

图8-30　底纹填充参数设置

图8-31　"福"字绘制

图8-32　头饰绘制

图8-33 头像实例效果

练习与思考

1.色彩的柔和过渡处理一般采用哪些工具或方法？

2.灵活使用渐变填充、底纹填充等填充方式。

3.绘制一幅上色头像作品。

第9章 服装效果图表现技法应用实例

9.1 全身线描稿服装效果图表现

9.1.1 实例效果

图9-1 全身线描稿

9.1.2 制作方法

1.在桌面上双击CorelDRAW图标，激活CorelDRAW，执行菜单栏【文件】\【新建】或用【Ctrl】+【N】组合快捷键新建文件，新建一个A4幅面竖排的空白文件，如图9-2所示。

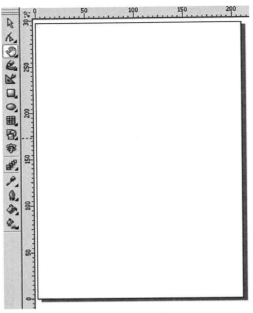

图9-2　新建文件

2.使用【Ctrl】+【R】显示标尺,按8.5头的比例关系将辅助线拖至如图9-3所示位置。

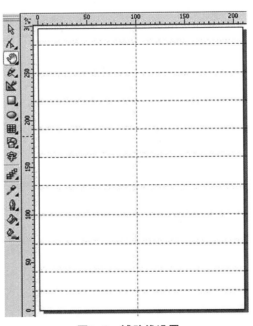

图9-3　辅助线设置

3.单击工具箱中的贝塞尔工具 ，根据辅助线大概画出人体、服装的各个主要部分,然后单击右键转换为曲线 ，"轮廓笔"线宽选择细线(因为细线线条容易调整),再用形状工具 调整外形,画线稿的时候必须注意人体动态和比例关系、衣纹线与人体动作的关系,如图9-4所示。

4.将辅助线用【Del】键删除,删除辅助线后效果如图9-5所示。

图9-4　大概画出人体、服装的各个主要部分　　　**图9-5　删除辅助线后效果**

5.将头部局部放大,完成头部的细部绘制,效果如图9-6所示。头部的刻画一般先用贝塞尔曲线工具 ✎ 绘制出发线和发饰线，在艺术笔触里挑一个适合的艺术笔工具 ✐ 画出眉毛、眼眶和睫毛,用贝塞尔曲线工具 ✎ 画鼻子和嘴唇,用椭圆工具 ○ 画出眼珠、瞳孔、高光和投影。由于头发需要画的线条很多,一般采用互交式调和工具 ▨ ,画一根起始线,再画一根终止线采用调和工具 ▨ ,设置适当步数便可拉出发线变化效果。

6.发线的修改采用形状工具 ▲ 调整,单击右键弹出节点调整工具窗,根据需要改变节点的状态,如图9-7所示。

 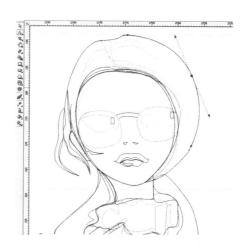

图9-6　完成头部的细部绘制图　　　　**9-7　改变节点的状态**

7.再结合贝塞尔曲线工具 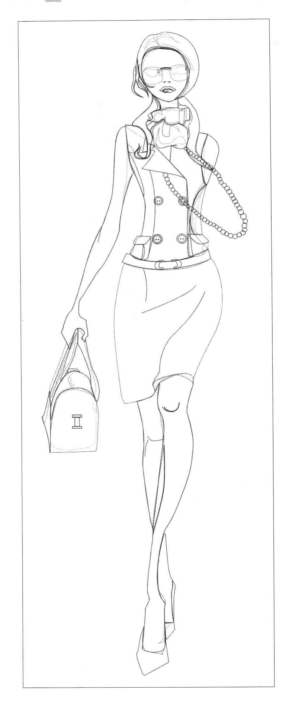 完成全身线描稿的服装效果图表现,效果如图9-8所示。

图9-8　完成全身线描稿的服装效果图表现

9.2 全身彩色服装效果图表现

9.2.1 实例效果

图9-9 全身彩色服装效果图实例效果

9.2.2 制作方法

1.分别填充脸部、颈部肤色、头发颜色,同时在调色板的⊠上面单击右键,消除头发和发饰的外轮廓线;用贝塞尔曲线工具✍画出眼影;腮红用互交式网格填充工具▥上色;皮肤明暗表现用渐变工具▦填充色彩,并用互交式透明工具▨拉出透明度,使色彩过渡柔润,并完成五官的细部刻画,具体操作步骤参见第8章内容。

用选择工具▸分别将脸部、颈部各组成部件选中,单击工具箱中的颜色对话框工具▦,在弹出的"标准填充方式"对话框中,将填色的CMYK修改为0,20,20,0;脸部、颈部基本色彩表现如图9-10所示。

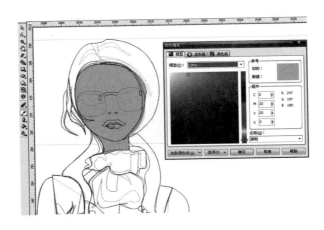

图9-10 脸部、颈部基本色彩表现

用选择工具▸分别将头发各组成部件选中,单击工具箱中的颜色对话框工具▦,在弹出的"标准填充方式"对话框中,将填色的CMYK修改为0, 0,20,0;头发基本色彩表现如图9-11所示。

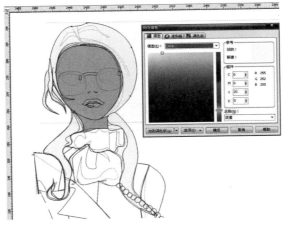

图9-11 头发基本色彩表现

2.用选择工具▸分别将脸部、颈部的阴影部位的封闭曲线各组成部件选中,单击工具箱中的颜色对话框工具▦,调整不同的CMYK值;用选择工具▸分别将眼镜的各部位的封闭曲线各组成部件选中,单击工具箱中的颜色对话框工具▦,调整不同的CMYK值。脸部、眼镜、颈部明暗层次的表现如图9-12所示。

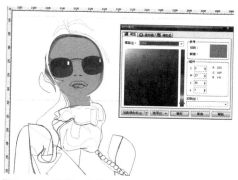

图9-12　脸部、眼镜、颈部明暗层次的表现

3.同样的方法,用选择工具 分别将头发的阴影部位的封闭曲线各组成部件选中,单击工具箱中的颜色对话框工具 ,调整CMYK(0,20,60,20)值。头发明暗层次的表现如图9-13所示。

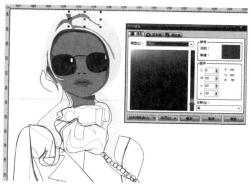

图9-13　头发明暗层次的表现

4.用选择工具 分别将手臂皮肤各组成部件选中,单击工具箱中的颜色对话框工具 ,在弹出的"标准填充方式"对话框中,将填色的CMYK修改为3,13,23,0;手臂皮肤基本色彩表现如图9-14所示。

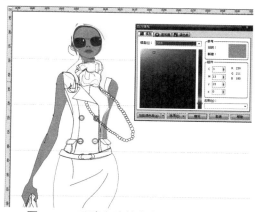

图9-14　手臂皮肤基本色彩表现效果

5.用选择工具 分别将腿部皮肤各组成部件选中,单击工具箱中的颜色对话框工具 ,在弹出的"标准填充方式"对话框中,将填色的CMYK修改为5,10,10,0;腿部皮肤基本色彩表现如图9-15所示。

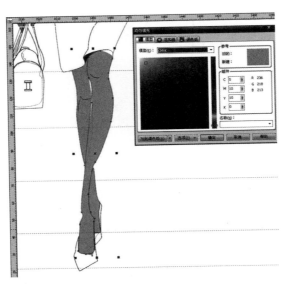

图9-15　腿部皮肤基本色彩效果

6.同样的方法,用选择工具分别将手臂、腿部皮肤、鞋子的阴影部位的封闭曲线各组成部件选中,单击工具箱中的颜色对话框工具,调整不同的CMYK值。手臂、腿部皮肤、鞋子明暗层次的表现如图9-16所示。

图9-16　手臂、腿部皮肤、鞋子明暗层次的表现

7.衣服上基本色:用选择工具▶分别将上衣、裙子各组成部件选中,分别单击工具箱中的颜色对话框工具■,在弹出的"标准填充方式"对话框中,将填色的CMYK值选择如下:

上衣:驼色CMYK(0,40,60, 20)

裙子:驼色CMYK(0,40,60, 20)

腰带:咖啡色CMYK(34,75,77,0)

腰带金属件:灰色CMYK(34,29,33,0)

分别进行填色,同时在调色板的☒上面单击右键去边框,如图9-17、图9-18所示。

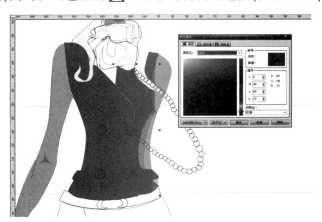

图9-17　上衣上基本色效果

图9-18　裙子、腰带的上基本色效果

8.丝巾的上色:用选择工具 分别将丝巾各组成部件选中,分别单击工具箱中的颜色对话框工具 ,在弹出的"标准填充方式"对话框中,将填色的CMYK值选择如下:

基本色:粉色CMYK(0,40,0, 0)

阴影色:粉灰色CMYK(18,49,18, 0)

分别进行填色,同时在调色板的⊠上面单击右键去边框,如图9-19所示。

9.手提包配件上色:用选择工具 分别将手提包配件各组成部件选中,分别单击工具箱中的颜色对话框工具 ,在弹出的"标准填充方式"对话框中,将填色的CMYK值选择如下:

基本色:橘黄色CMYK(0,81,75, 0)

阴影色:驼色CMYK(38,87,79, 2)

高光色:米色CMYK(3,63,45,0)

分别进行填色,同时在调色板的⊠上面单击右键去边框,如图9-20所示。

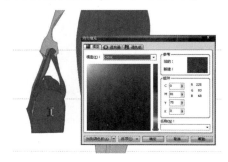

图9-19 丝巾的表现效果　　　　图9-20 手提包配件的表现效果

10.衣服的阴影处理: 用贝塞尔曲线工具 分别画出上衣、裙子各阴影部位的封闭曲线,单击工具箱中的颜色对话框工具 ,在弹出的"标准填充方式"对话框中,将填色的CMYK值选择如下:

上衣:阴影部位CMYK(0,60,60, 0)

裙子:阴影部位CMYK(24,58,73, 0)

分别进行填色,同时在调色板的⊠上面单击右键去边框,如图9-21所示。

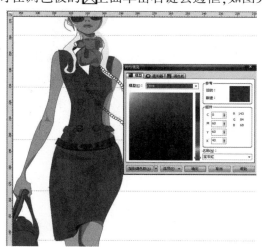

图9-21 衣服的明暗层次的表现

11.钮扣、装饰项链配件上色:用选择工具 ⬆ 分别将钮扣、装饰项链配件各组成部件选中,分别单击工具箱中的颜色对话框工具 ■,在弹出的"标准填充方式"对话框中,将填色的CMYK值选择如下:

钮扣:咖啡色CMYK(34,75,77,0)

分别使用工具箱中的椭圆工具 ⬭ 画出封闭曲线，然后用自定义渐变填充工具 ■ 填充为古铜色,用互交式阴影工具 ⬚ 拉出配饰的投影,显出浮凸的感觉;

装饰项链: 驼色CMYK(0,60,60,40)

分别进行填色,同时在调色板的 ⊠ 上面单击右键去边框,如图9-22所示。

图9-22 钮扣、装饰项链配件的表现效果

12.腰带的细部表现如图9-23所示。

13.腰带、装饰项链的明暗层次表现如图9-24所示。

图9-23 腰带的细部表现效果　　　　图9-24 腰带、装饰项链的明暗层次表现效果

14.完成彩色服装效果图的制作,效果如图9-25所示。

图9-25　完成的彩色服装效果图

练习与思考

1.简要说明用CorelDRAW软件制作服装效果图的方法。

2.互交式网格填充工具▦填色与渐变工具▮填充色彩其原理及产生的效果有什么不同?

3.设计制作一款或一个系列的服装效果图。

附录1　CorelDRAW 常用快捷键

显示导航窗口(Navigator window)【N】

运行 Visual Basic 应用程序的编辑器【Alt】+【F11】

保存当前的图形【Ctrl】+【S】

打开编辑文本对话框【Ctrl】+【Shift】+【T】

擦除图形的一部分或将一个对象分为两个封闭路径【X】

撤消上一次的操作【Ctrl】+【Z】

撤消上一次的操作【Alt】+【Backspase】

垂直定距对齐选择对象的中心【Shift】+【A】

垂直分散对齐选择对象的中心【Shift】+【C】

垂直对齐选择对象的中心【C】

将文本更改为垂直排布(切换式)【Ctrl】+【.】

打开一个已有绘图文档【Ctrl】+【O】

打印当前的图形【Ctrl】+【P】

打开"大小工具卷帘"【Alt】+【F10】

运行缩放动作然后返回前一个工具【F2】

运行缩放动作然后返回前一个工具【Z】

导入文本或对象【Ctrl】+【I】

发送选择的对象到后面【Shift】+【B】

将选择的对象放置到后面【Shift】+【PageDown】

发送选择的对象到前面【Shift】+【T】

将选择的对象放置到前面【Shift】+【PageUp】

发送选择的对象到右面【Shift】+【R】

发送选择的对象到左面【Shift】+【L】

将文本对齐基线【Alt】+【F12】

将对象与网格对齐(切换)【Ctrl】+【Y】

对齐选择对象的中心到页中心【P】

绘制对称多边形【Y】

拆分选择的对象【Ctrl】+【K】

将选择对象的分散对齐页面水平中心【Shift】+【E】

打开"封套工具卷帘"【Ctrl】+【F7】

打开"符号和特殊字符工具卷帘"【Ctrl】+【F11】

复制选定的项目到剪贴板【Ctrl】+【C】

设置文本属性的格式【Ctrl】+【T】

恢复上一次的"撤消"操作【Ctrl】+【Shift】+【Z】

剪切选定对象并将它放置在"剪贴板"中【Ctrl】+【X】

将渐变填充应用到对象【F11】

结合选择的对象【Ctrl】+【L】

绘制矩形;双击该工具便可创建页框【F6】

打开"轮廓笔"对话框【F12】

打开"轮廓图工具卷帘"【Ctrl】+【F9】

绘制螺旋形;双击该工具打开"选项"对话框的"工具框"标签【A】

在当前工具和挑选工具之间切换【Ctrl】+【Space】

取消选择对象或对象群组所组成的群组【Ctrl】+【U】

显示绘图的全屏预览【F9】

将选择的对象组成群组【Ctrl】+【G】

删除选定的对象【Del】

将选择对象上对齐【T】

转到上一页【PageUp】
打开"视图管理器工具卷帘"【Ctrl】+【F2】
用"手绘"模式绘制线条和曲线【F5】
平移绘图【H】
按当前选项或工具显示对象或工具的属性【Alt】+【Backspace】
刷新当前的绘图窗口【Ctrl】+【W】
水平对齐选择对象的中心【E】
将文本排列改为水平方向【Ctrl】+【,】
打开"缩放工具卷帘"【Alt】+【F9】
缩放全部的对象到最大【F4】
缩放选定的对象到最大【Shift】+【F2】
缩小绘图中的图形【F3】
将填充添加到对象;单击并拖动对象实现喷泉式填充【G】
打开"透镜工具卷帘"【Alt】+【F3】
打开"图形和文本样式工具卷帘"【Ctrl】+【F5】
退出 CorelDRAW 并提示保存活动绘图【Alt】+【F4】
绘制椭圆形和圆形【F7】
绘制矩形组【D】
将对象转换成网状填充对象【M】
打开"位置工具卷帘"【Alt】+【F7】
添加文本(单击添加"美术字";拖动添加"段落文本")【F8】
将选择对象下对齐【B】
转到下一页【PageDown】
将镜头相对于绘画下移【Alt】+【↓】
包含指定线性标注线属性的功能【Alt】+【F2】
将选定对象按照对象放置到向后一个位置【Ctrl】+【PageDown】
将选定对象按照对象放置到向前一个位置【Ctrl】+【PageUp】
向上直线移动对象【Shift】+【↑】
向上微调对象【↑】
向下直线移动对象【Shift】+【↓】
向下微调对象【↓】
向右直线移动对象【Shift】+【←】
向右微调对象【←】
向左直线移动对象【Shift】+【→】
向左微调对象【→】
创建新绘图文档【Ctrl】+【N】
编辑对象的节点;双击该工具打开"节点编辑卷帘窗"【F10】
打开"旋转工具卷帘"【Alt】+【F8】
打开设置 CorelDRAW 选项的对话框【Ctrl】+【J】
全部选择对象【Ctrl】+【A】
打开"轮廓颜色"对话框【Shift】+【F12】
给对象应用均匀填充【Shift】+【F11】
显示整个可打印页面【Shift】+【F4】
将选择对象右对齐【R】
再制选定对象并以指定的距离偏移【Ctrl】+【D】
将字体大小增加为下一个字体大小设置。【Ctrl】+小键盘【8】
将"剪贴板"的内容粘贴到绘图中【Ctrl】+【V】
将"剪贴板"的内容粘贴到绘图中【Shift】+【Ins】
启动"这是什么?"帮助【Shift】+【F1】
重复上一次操作【Ctrl】+【R】
转换美术字为段落文本或反过来转换【Ctrl】+【F8】
将选择的对象转换成曲线【Ctrl】+【Q】

将轮廓转换成对象【Ctrl】+【Shift】+【Q】

左对齐选定的对象【L】

文本编辑

显示所有可用/活动的 HTML 字体大小的列表【Ctrl】+【Shift】+【H】

将文本对齐方式更改为不对齐【Ctrl】+【N】

更改文本样式为粗体【Ctrl】+【B】

将文本对齐方式更改为行宽的范围内分散文字【Ctrl】+【H】

更改选择文本的大小写【Shift】+【F3】

将字体大小减小为上一个字体大小设置。【Ctrl】+小键盘【2】

将文本对齐方式更改为居中对齐【Ctrl】+【E】

将文本对齐方式更改为两端对齐【Ctrl】+【J】

将所有文本字符更改为小型大写字符【Ctrl】+【Shift】+【K】

删除文本插入记号右边的字【Ctrl】+【Del】

删除文本插入记号右边的字符【Del】

将字体大小减小为字体大小列表中上一个可用设置【Ctrl】+小键盘【4】

将文本插入记号向上移动一个段落【Ctrl】+【↑】

将文本插入记号向上移动一个文本框【PageUp】

将文本插入记号向上移动一行【↑】

添加/移除文本对象的首字下沉格式 (切换)【Ctrl】+【Shift】+【D】

选定"文本"标签,打开"选项"对话框【Ctrl】+【F10】

更改文本样式为带下划线样式【Ctrl】+【U】

将字体大小增加为字体大小列表中的下一个设置【Ctrl】+小键盘【6】

将文本插入记号向下移动一个段落【Ctrl】+【↓】

将文本插入记号向下移动一个文本框【PageDown】

显示非打印字符【Ctrl】+【Shift】+【C】

向上选择一段文本【Ctrl】+【Shift】+【↑】

向上选择一个文本框【Shift】+【PageUp】

向上选择一行文本【Shift】+【↑】

向上选择一段文本【Ctrl】+【Shift】+【↑】

向上选择一个文本框【Shift】+【PageUp】

向上选择一行文本【Shift】+【↑】

向下选择一段文本【Ctrl】+【Shift】+【↓】

向下选择一个文本框【Shift】+【PageDown】

向下选择一行文本【Shift】+【↓】

更改文本样式为斜体【Ctrl】+【I】

选择文本结尾的文本【Ctrl】+【Shift】+【PageDown】

选择文本开始的文本【Ctrl】+【Shift】+【PageUp】

选择文本框开始的文本【Ctrl】+【Shift】+【Home】

选择文本框结尾的文本【Ctrl】+【Shift】+【End】

选择行首的文本【Shift】+【Home】

选择行尾的文本【Shift】+【End】

将文本插入记号移动到文本开头【Ctrl】+【PageUp】

将文本插入记号移动到文本框结尾【Ctrl】+End

将文本插入记号移动到文本框开头【Ctrl】+【Home】

将文本插入记号移动到行首【Home】

将文本插入记号移动到行尾【End】

移动文本插入记号到文本结尾【Ctrl】+【PageDown】

将文本对齐方式更改为右对齐【Ctrl】+【R】

显示所有可用/活动字体粗细的列表【Ctrl】+【Shift】+【W】

将文本对齐方式更改为左对齐【Ctrl】+【L】

附 录

后 记

　　随着科技的发展以及计算机的普及,计算机已被广泛应用于各个领域,在服装设计方面也不例外,计算机辅助服装设计已经被众多服装设计师所钟爱,而且也是一种趋势。

　　计算机辅助服装设计除了有一定的艺术欣赏价值之外,更重要的还是表现设计师的设计意念,把设计稿变成成衣。

　　在此,我谨向提供有关资料的王艺、张婷婷、罗怡然、郑红霞等致以深深的谢忱。

附录2　作品欣赏

专卖店设计

标志设计

吊牌设计

标志设计正负形

195

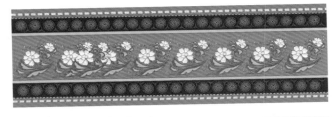

连续纹样设计

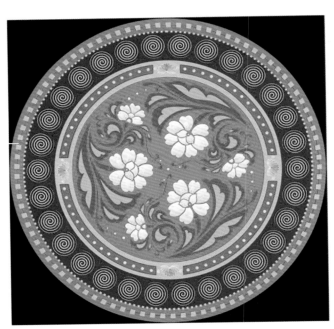

适合纹样设计

适合纹样设计

适合纹样设计

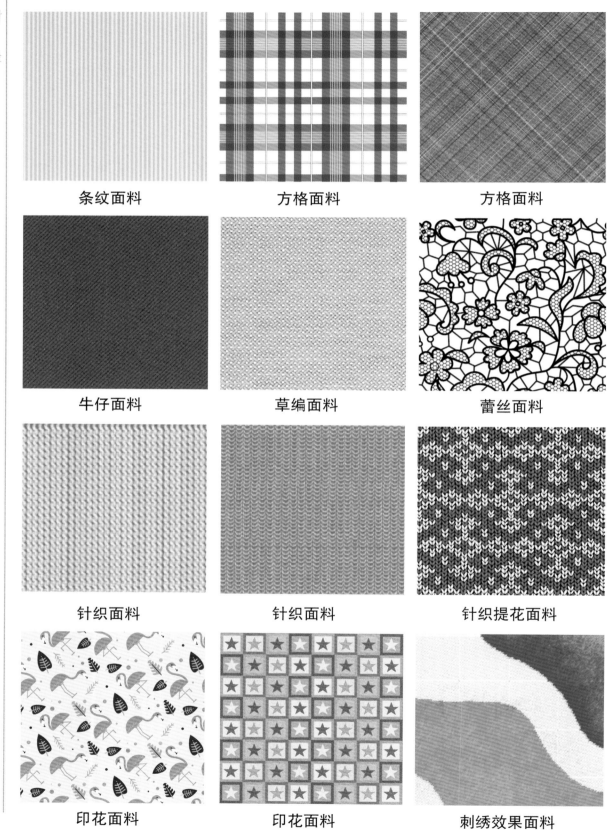

条纹面料　　　　　　　　　方格面料　　　　　　　　　方格面料

牛仔面料　　　　　　　　　草编面料　　　　　　　　　蕾丝面料

针织面料　　　　　　　　　针织面料　　　　　　　　针织提花面料

印花面料　　　　　　　　　印花面料　　　　　　　刺绣效果面料

头像作品

附 录

头像作品

附 录

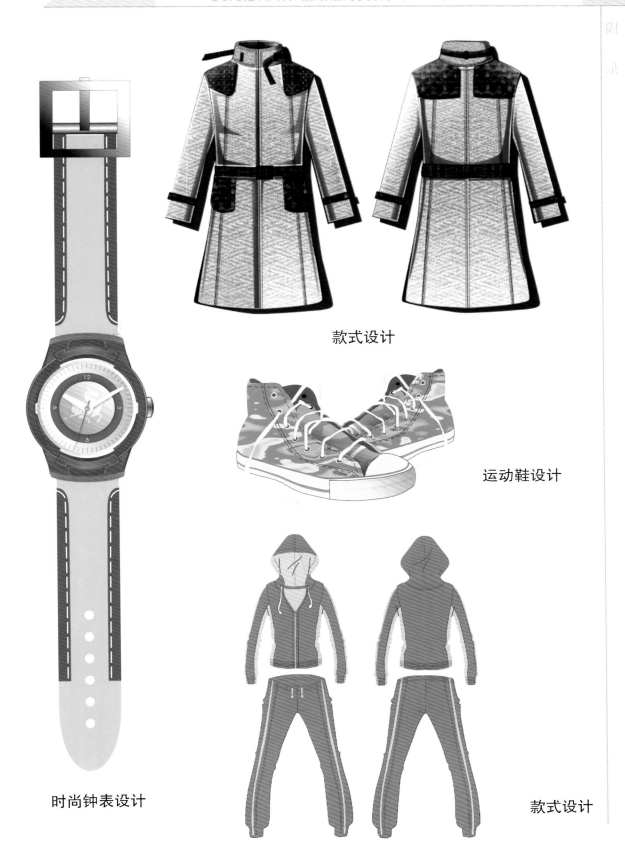

款式设计

运动鞋设计

时尚钟表设计

款式设计

服装设计